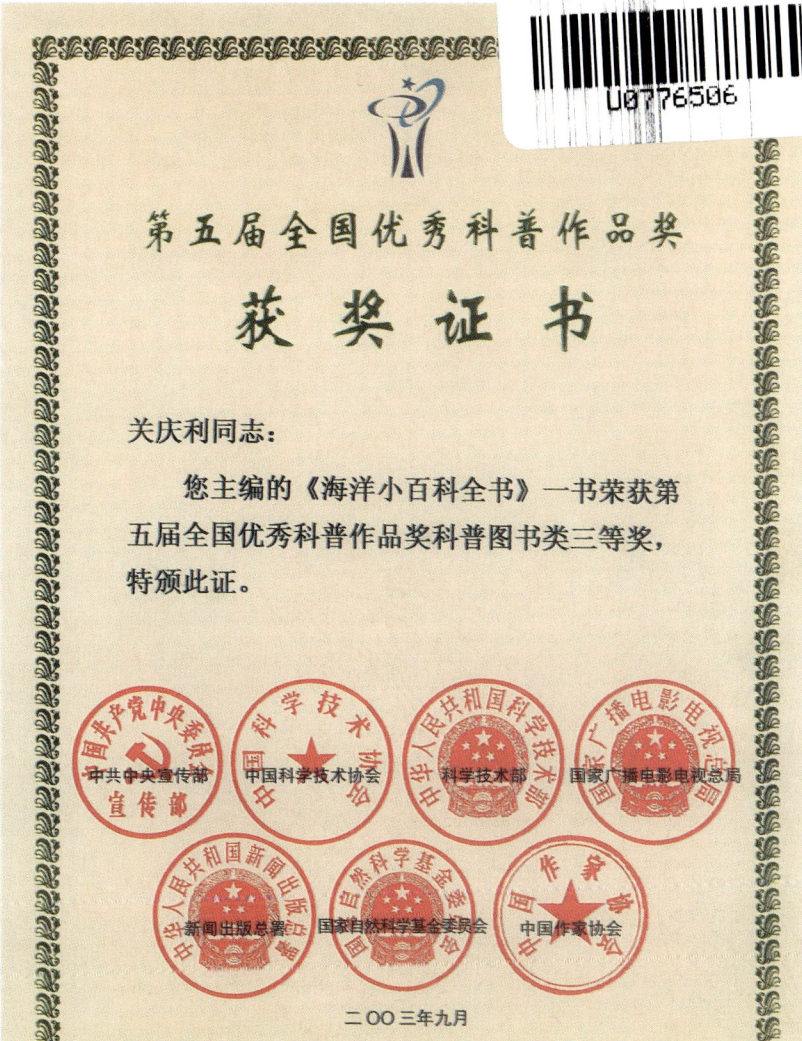

《海洋小百科全书》于 2002 年 5 月出版,2003 年 9 月被中国共产党中央委员会宣传部、中国科学技术协会、中华人民共和国科学技术部、国家广播电影电视总局、中华人民共和国新闻出版总署、国家自然科学基金委员会、中国作家协会联合授予"第五届全国优秀科普作品奖科普图书类三等奖"。本书于 2007 年 10 月修订再版,现再次修订,由中山大学出版社出版。

《海洋小百科全书》荣获"第五届全国优秀科普作品奖"

海洋 小百科 全书

主 编 关庆利
副主编 丁玉柱 彭 垣

海洋文化

丁玉柱 牛玉芬 杨桂荣 编著

中山大学出版社
·广州·

版权所有 翻印必究

图书在版编目(CIP)数据

海洋文化/丁玉柱,牛玉芬,杨桂荣编著.—广州:中山大学出版社,2012.1

(海洋小百科全书/关庆利主编)

ISBN 978-7-306-03558-5

Ⅰ.①海… Ⅱ.①丁… ②牛… ③杨… Ⅲ.①海洋-文化-普及读物 Ⅳ.①P7-49

中国版本图书馆 CIP 数据核字(2009)第 221881 号

出 版 人:	徐 劲
策划编辑:	蔡浩然
责任编辑:	蔡浩然
装帧设计:	杨桂荣 曾 斌
责任校对:	鲁佳慧
责任技编:	何雅涛
出版发行:	中山大学出版社
电 话:	编辑部 020-84111996,84113349
	发行部 020-84111998,84111981,84111160
地 址:	广州市新港西路 135 号
邮 编:	510275 传 真:020-84036565
网 址:	http://www.zsup.com.cn E-mail:zdcbs@mail.sysu.edu.cn
印 刷 者:	佛山市浩文彩色印刷有限公司
规 格:	880mm×1230mm 1/32 9.75 印张 208 千字 4 插页
版次印次:	2012 年 1 月第 1 版
	2014 年 4 月第 4 次印刷
定 价:	19.40 元

如发现本书因印装质量影响阅读,请与出版社发行部联系调换

海洋文化

▲ 八仙过海

▲ （丹麦）美人鱼（雕塑）

▲ 哪吒闹海

▲ 龙马出河

▶ （日本）《富门海战图》

海洋文化

▲ 瓷器上的海船

▲ 水、川、州

▲ 古罗马鱼盘

舟 ◀

▲ （美）霍曼《起风了》

海洋文化

▲ (法)马奈《划船》

▲ 莫扎特与歌剧《唐璜》

▲ (英)透纳《渔夫出海》

▶ (意大利)波提切利《维纳斯的诞生》

▲ (日)葛饰北斋《神奈川冲浪》

海洋文化

渡海观音塑像

▲（美）约翰·科普利《沃森与鲨鱼》

▲（英）透纳《战舰归航》（油画）

海人捕鱼图

郑成功（雕塑）

序言

海洋是人类的母亲，也是人类千万年来取之不尽、用之不竭的巨大资源宝库。在人类赖以生存的蓝色星球——地球上，蔚蓝色的海洋占有约71%的总面积。

雄踞在这颗蓝色星球的东方、浩瀚无垠的太平洋西岸上的中华人民共和国，不仅拥有960万平方千米的陆地国土，而且还拥有300万平方千米的海洋国土，有着1.8万千米绵延曲折的海岸线。在这浩瀚的蓝色国土上，珍珠般地镶嵌着大大小小6500多个美丽而富饶的岛屿。

勤劳勇敢的中华民族，在古代就凭着自己卓越的智慧和创造力，伐木成舟，劈波斩浪，牵星观月，远渡重洋，以举世瞩目的海洋文明跻身于世界航海强国的民族之林。

21世纪是海洋的世纪，21世纪的主人翁就是今天的青少年朋友。他们不仅是我国的未来和希望，而且必定是21世纪振兴经济和提升海洋科技的主力军。海洋将是青少年朋友报效祖国、振兴中华民族大显身手的辉煌舞台。只有帮助青少年及早地以科学的眼光认识世界的发展，科学地把握未来，早日加入到海洋开发建设的队伍中来，才能更好地发展我国的海洋经济，捍卫我国的海洋权益。未来是海洋的时代，只有让广大的青少年了解海洋、接近海洋、认识海洋，才能把握海洋、开发海洋、利用海洋和捍卫海洋权益，为祖国的海洋开发建设作贡献,为中华民族的子孙后代造福。为了提高中华民族的海洋文化素质,再铸中华民族海洋文明的辉煌,使我国成为21世纪的海洋强国,有识之士必须从现在做起,从青少年抓起,全面培养我国青少年的海洋意识,普及海洋科学知识,提高海洋科技技能,增强蓝色国土观念和捍卫海洋权益的责任感、使命感。从这个意义上说,在人类进入21世纪的伟大时代,在全球开始创造海洋经济的伟大时刻,在世界日益关注海洋权益的今天,出版这套经过缜密修订的全面、系统、科学地介绍海洋知识的《海洋小百科全书》,无疑是奉献给我国青少年朋友的一份珍贵礼物,是激发青少年的海洋兴趣、增长海洋知识、普及海洋文化、宣传海洋文明、提高海洋素质、促进海洋教育所做的一件功在当代、利在千秋的非常具有实践成就和指导意义的工作。

绚丽多姿的海洋召唤着青少年朋友们去探索和揭秘,无穷无尽的海洋宝藏等待着有志于海洋事业的青少年朋友们去开发和利用。这套图文并茂、深入浅出的《海洋小百科全书》,必将以丰富的知识性、深刻的思想性和高雅的趣味性,成为青少年朋友在蓝色海洋里成长、成才的良师益友。

祝愿青少年朋友读完这套书后能够早日成为大海的骄子,为把祖国建设成伟大的海洋经济强国和海洋科技强国贡献自己宝贵的青春和智慧。

国家海洋局局长:

2010年4月6日

海洋文化

目 录

一、海洋神话故事

1. 神龙造海是怎么一回事？ ……………………… (2)
2. 水晶宫是什么样的？ …………………………… (3)
3. 你知道美人鱼的传说吗？ ……………………… (3)
4. "江黄"是什么？ ………………………………… (4)
5. "贯月查"是什么？ ……………………………… (5)
6. 什么是钓鳌客？ ………………………………… (5)
7. 你知道"如愿"的来历吗？ ……………………… (6)
8. 后羿为什么射伤了河伯？ ……………………… (6)
9. 你知道河伯女的故事吗？ ……………………… (7)
10. 夔鼓有什么妙处？ ……………………………… (8)
11. 谁是中国的波涛之神？ ………………………… (9)
12. 子羽为什么要斩杀蛟龙？ ……………………… (9)
13. 愚公移山的目的是什么？ ……………………… (10)
14. 秦始皇造海桥的结果怎么样？ ………………… (11)
15. 安期生是怎样成为海上神仙的？ ……………… (12)
16. 客星犯牛郎是怎么一回事？ …………………… (13)
17. "八仙过海"中的八仙是怎样得道成仙的？ …… (14)
18. 你知道聚宝竹的传说吗？ ……………………… (15)
19. 哪吒闹海是怎么回事？ ………………………… (16)
20. 海神求宝是怎么一回事？ ……………………… (17)
21. 石首鱼的名称是怎么来的？ …………………… (18)

22. 你知道海珠石的传说吗? ………………………… (19)
23. 洱海月有什么来历? ……………………………… (19)
24. 罗浮山是怎么形成的? …………………………… (20)
25. 河蚌是如何报恩的? ……………………………… (21)
26. 崂山是怎么得名的? ……………………………… (23)
27. 镆铘岛有哪些动人的传说? ……………………… (24)
28. 太阳神阿波罗是在什么地方出生的? …………… (25)
29. 你知道维纳斯吗? ………………………………… (27)
30. 阿里翁是如何得救的? …………………………… (28)
31. 阿瑞图萨是怎样逃脱劫难的? …………………… (29)
32. 埃俄洛斯是怎样帮助奥德修回家的? …………… (30)
33. 埃涅阿斯是位什么样的英雄? …………………… (31)
34. 安德洛墨达为什么甘愿受死? …………………… (31)
35. 为什么说奥德修是"因海而死而又非死于海"? … (32)
36. 谁是古希腊罗马神话中的海神? ………………… (33)
37. 谁是北美神话中拯救人类和动物的人? ………… (33)
38. 谁是希腊神话中航海者的保护神? ……………… (34)
39. 你知道"翠鸟双飞"的故事吗? …………………… (35)
40. 希腊神话中的航海者之神长得什么样? ………… (36)
41. 海鹰是希腊神话中哪个神变的? ………………… (36)
42. 谁是希腊神话中的"池塘双神"? ………………… (37)
43. 海老人普洛透斯有什么寓意? …………………… (38)
44. 潜水鸟为什么喜欢投身大海? …………………… (38)
45. 你知道"海格立斯擎天柱"的来历吗? …………… (39)
46. 达达尼尔海峡原名是什么? ……………………… (39)
47. 摩西是怎样让红海开路的? ……………………… (40)
48. 伽拉忒亚有什么象征意义? ……………………… (41)
49. 埃及神话中的太阳神是谁创造的? ……………… (42)
50. 你知道太阳船吗? ………………………………… (43)

51. 阿拉伯神话中的海老人有什么寓意？ …………… (43)
52. 《天方夜谭》是怎样讲述海神葛耐儿的故事的？ … (44)
53. 海中神女的生活是怎样的？ ……………………… (45)
54. 如意珠藏在什么地方？ …………………………… (46)
55. 特里同的神奇声音是从什么地方传出的？ ……… (47)

二、海洋语言文字

56. "海"字是什么意思？ ……………………………… (51)
57. 海是怎样形成的？ ………………………………… (52)
58. 中国大陆是怎样形成的？ ………………………… (53)
59. "四海"指的是什么？ ……………………………… (54)
60. 甲骨文中的哪些汉字体现了水文知识？ ………… (55)
61. 中国古代作家是如何解释海水永不枯竭的？ …… (55)
62. 《说文解字》里是怎样解释"海"字的？ ………… (56)
63. 中国古人是怎样解释"鲸"字的？ ………………… (57)
64. 有哪些中国古代文学作品是描写鲸的？ ………… (57)
65. "海错"是什么意思？ ……………………………… (58)
66. "宝贝"是什么意思？ ……………………………… (58)
67. "海涵"是什么意思？ ……………………………… (59)
68. "海市"是什么意思？ ……………………………… (59)
69. 中国哪部古代典籍最早出现"南极"一词？ ……… (60)
70. 汉语中有哪些著名的海洋成语？ ………………… (61)
71. "海枯石烂"表示的含义是什么？ ………………… (62)
72. "海纳百川"这句成语包含哪些道理？ …………… (63)
73. "沧海横流"有什么深刻寓意？ …………………… (64)
74. 你知道"曾经沧海"这句话的来历吗？ …………… (64)

75. "河伯观海"是怎么一回事？ …………………… (65)
76. "沧海桑田"有什么典故？ …………………… (66)
77. "海誓山盟"为什么多用于表示爱情的场合？ …… (67)
78. "海市蜃楼"有什么深刻寓意？ ………………… (68)
79. 人们从"海市蜃楼"中悟出了哪些深刻的哲理？ … (69)
80. 你知道"沧海遗珠"的典故吗？ ………………… (70)
81. 你知道"珠还合浦"的故事吗？ ………………… (70)
82. "浩如烟海"出自何处？ ………………………… (71)
83. "海角天涯"在什么地方？ ……………………… (72)
84. 中国哪些诗中出现过"天涯海角"这个成语？ …… (73)
85. "海角天涯"是什么意思？ ……………………… (73)
86. "以蠡测海"是什么意思？ ……………………… (74)
87. "鲤鱼跳龙门"是怎么一回事？ ………………… (74)
88. "海屋添筹"是怎么一回事？ …………………… (75)
89. 你知道《山海经》吗？ ………………………… (76)
90. 《山海经》中的"海"和"经"是什么意思？ ……… (77)
91. 中国最早使用的钱来自哪里？ ………………… (77)
92. "放长线钓大鱼"的本意是什么？ ……………… (78)
93. 外国古代诗人笔下的"图勒"是什么意思？ …… (80)

三、海洋绘画名作

94. 人类最早以海洋为题材的美术创作是在什么时候？ … (82)
95. 《海神的凯旋》描绘的是哪位海神？ …………… (83)
96. 洛兰的海洋风景画有哪些？ …………………… (83)
97. 描绘切什梅大海战的油画是怎样创作出来的？ … (85)
98. 19世纪俄罗斯有哪些描绘海洋的风景画家？ …… (86)

99. 希施金创作了哪些著名的海洋风景画? ………… (86)
100. 列维坦创作了哪些海洋风景画? ………… (88)
101. 列维坦的海洋风景画都表现了哪些内容? ……… (88)
102. 《伏尔加清风》有什么特色? ………… (89)
103. 为什么说爱瓦佐夫斯基是俄罗斯海洋画第一明星? … (90)
104. 沙甫拉索夫有哪些以海洋为题材的风景画? …… (92)
105. 库因芝的海洋画表现了哪些内容? ………… (92)
106. 波列诺夫创作了哪些海洋风景画? ………… (94)
107. 《喀琅施塔得大锚地》描绘的是什么内容? …… (94)
108. 《契斯米海战》有什么特色? ………… (95)
109. 《那不勒斯港晨景》具有什么风格? ………… (95)
110. 《凯旋》是如何表现作品主题的? ………… (96)
111. 《九级浪》表现的是什么内容? ………… (97)
112. 爱瓦佐夫斯基创作的海难题材的作品有哪些? …… (98)
113. 《驰向曙光》在色彩上有什么特点? ………… (99)
114. 瓦西列夫创作了哪些著名的海洋画? ………… (100)
115. 《有利的位置》表现的是什么内容? ………… (101)
116. 《野兽入方舟》描绘的是什么? ………… (102)
117. 《42个小孩》中的孩子们在干什么? ………… (102)
118. 《毛皮商人航行于密苏里河》在艺术上有什么新突破? ………… (103)
119. 布丹为什么以"海滩画家"闻名于世? ………… (103)
120. 《布辛托洛在升天节正准备从莫洛启航》表现的是什么内容? ………… (104)
121. 《帆船》是属于哪一流派的海洋题材绘画作品? … (105)
122. 《希望号遇难》有什么样的艺术风格? ………… (105)
123. 《日落泰晤士河》有哪些艺术特色? ………… (106)
124. 《起风了》是属于哪一流派的绘画作品? ………… (106)
125. 霍曼的海洋绘画作品有哪些? ………… (107)

126.《南方海边的夏夜》表现的是什么内容？ ……… (108)
127.《死海》表现的主题是什么？ ……………… (109)
128.《月光下的沙滩》有什么特色？ …………… (109)
129.《暴风雪中离港的汽船》是怎样创作产生的？ … (110)
130.《战舰归航》如何典型地体现了透纳的艺术风格？ … (111)
131.《海滨》的构图有什么特点？ ……………… (111)
132.《梅杜萨之筏》的背景和主题是什么？ ……… (112)
133. 库尔贝创作了哪些海洋题材的名画？ ……… (113)
134.《划船》是如何体现幽默风格的？ …………… (114)
135. 为什么说《贝利海湾》是一幅典型的"色彩交响乐"？
     ……………………………………………………… (114)
136. 为什么说高更的《海边》是象征主义的作品？ … (115)
137. 日本有哪些画家创作过海洋题材的世界名画？ … (115)
138.《从海岸看丹吉尔风光》有什么艺术特点？ … (116)
139.《崖下》描述的是什么内容？ ……………… (117)
140. 为什么说《格雷维尔的悬崖》具有现实主义的风格？
     ……………………………………………………… (118)
141.《塞特港》有哪些艺术特色？ ……………… (119)
142. 为什么说《打捞者》是具有讽刺风格的海洋绘画
     作品？ ……………………………………………… (119)
143.《蓝色的波涛》是谁的绘画作品？ …………… (120)
144.《古尔祖夫的礁石》是谁的绘画作品？ ……… (121)
145.《浩瀚的大海》抒发了画家怎样的思想感情？ … (121)
146. 毕加索关于海洋题材的风景画的代表作是什么？ … (122)
147.《海岸的小舟》属于哪种流派的绘画作品？ … (123)
148. 卢梭是怎样创作出《海上风暴》的？ ……… (123)
149. 西方现代派画家中最喜欢以鱼为主题的画家是谁？
     ……………………………………………………… (124)
150.《逃亡大海》表现了画家的什么思想？ ……… (125)

151. 《哥伦布发现美洲大陆》表现了哪些内容？……（126）
152. 1998年摩纳哥海洋博物馆绘画展有哪些珍贵展品？……………………………………………（127）
153. 世界上最昂贵的帆船邮票是哪一枚？………（128）
154. 海洋动物画王国的创始人是谁？……………（129）
155. 画家能在海底进行绘画吗？…………………（129）
156. 《洛神赋图》是根据什么创作的？……………（130）
157. 《丹山瀛海图》描绘的是什么地方的景色？…（130）
158. 《琴高乘鲤图》描述的是什么故事？…………（131）
159. 《海屋沾筹图》是谁画的？……………………（131）
160. 姜德兴的渔民画有什么特点？………………（132）
161. "海辽"号为什么会成为人民币的正面图案？…（133）
162. 新中国第一次发行海军题材邮票是在什么时候？………………………………………………（133）
163. 中国哪套邮票第一次出现了潜艇和导弹画面？……（134）
164. "海"字封有哪两个系列品种？…………………（135）
165. 邮票上的海军战士服装形象有哪些变化？…（136）
166. 《中国人民解放军海军成立50周年》明信片有哪些独特意义？………………………………（137）
167. 中国第一套以海洋为主题的邮票是哪一套？…（138）
168. 中国第一部海洋专题大型画册是哪一部？…（139）
169. "中华第一舰"首次出访的纪念封是什么样的？…（140）
170. "中华第一舰"第二次出访的纪念封是什么样的？…（140）
171. "中华第一舰"第三次出访的纪念封是什么样的？…（141）
172. 《检阅》展现了哪些重要内容？………………（141）
173. 《李海涛海之恋画集》有什么价值？…………（142）
174. 中国第一本反映国家南北极科考的摄影集是哪一部？……………………………………………（143）
175. 中国画《永恒》表达的是什么内容？…………（143）
176. 《中国海洋事业》大型画册是哪一年出版的？…（144）

177. 大型画册《黄金海岸》的内容是什么？……………(144)
178. 为纪念1998年国际海洋年上海制作了哪些纪念章？
   ………………………………………………………(145)
179. 中国"海疆风采"摄影展是何时何地举办的？…(145)

四、海洋雕塑艺术

180. 世界上最早的海战图在什么地方？……………(147)
181. 《狄奥尼索斯航海》刻画的是什么内容？……(147)
182. 《萨莫色雷斯的尼开神像》描绘的是什么内容？……(148)
183. 为什么说丢勒的铜版画《海怪》富有戏剧性？…(148)
184. 《海神之子》中的海神是什么样的？……………(149)
185. 麦哲伦纪念碑为什么建在马克坦岛上？………(150)
186. 为什么要给海豚铸造纪念碑？……………………(151)
187. 卡尔波的海洋题材雕塑作品有哪些？…………(152)
188. 《海的女儿》雕像为何屡受劫难？………………(153)
189. 达尔文铜像为什么竖立在龟岛上？……………(154)
190. 《砂锅和没开口的蚌类》有什么寓意？…………(155)
191. 《龙虾陷阱和鱼尾巴》为什么被称为活动的雕塑？…(156)
192. 中国海岸名胜古迹有哪些著名的书法题刻？…(156)
193. 南澳岛大潭摩崖石刻有什么意义？……………(158)
194. "南天一柱"题刻的作者是怎样被发现的？………(158)
195. 北洋海军昭忠祠碑刻是何时何地被重新发现的？…(159)
196. 群雕《鉴真登岸》中的人物都是谁？……………(160)
197. 首届中国国际沙雕大赛在何时何地举行？……(161)
198. 中国最高的海上观音像在什么地方？…………(162)
199. 什么是鱼灯？………………………………………(162)

200. 我国历史人物雕像最高大的是谁的雕像？……（163）
201. 为什么把"中华白海豚"作为香港回归的吉祥物？…（164）
202. 《惠安女》雕塑有什么特点？……………………（165）
203. 为什么有些国家的国旗或国徽上有海洋的形象？…（165）
204. 欧洲哪些国家的国旗或国徽上有海洋的形象？……（166）
205. 哪些非洲国家的国徽上有海洋的形象？……………（167）
206. 大洋洲、美洲哪些国家的国徽或国旗上有海洋的形象？……………………………………………（168）

五、海洋音乐经典

207. 古希腊早期的海洋音乐作品有哪些？……………（171）
208. 《创世纪》是怎样讴歌海洋的？……………………（171）
209. 《罗马四名泉》是给哪位海神谱写的赞歌？………（172）
210. 莫扎特创作了哪几部著名的海洋音乐作品？……（172）
211. 门德尔松是怎样创作出《芬格尔岩洞序曲》的？…（174）
212. 拉赫玛尼诺夫写过哪些海洋音乐作品？…………（175）
213. 西贝柳斯的海洋音乐代表作是什么？……………（176）
214. 名曲《海上风暴之夜》的主题是什么？……………（177）
215. 法国哪位作曲家创作了以海盗为主角的歌剧？…（178）
216. 歌剧《奥伯龙》讲的是什么故事？…………………（179）
217. 芭蕾舞剧《海侠》中的海盗为什么备受喜爱？…（180）
218. 歌剧《非洲女》讲述的是什么故事？………………（181）
219. 《漂泊的荷兰人》音乐是由谁创作的？……………（182）
220. 创作海洋题材音乐作品最多的作曲家是谁？…（183）
221. 《春之海》是日本哪位音乐家创作的？……………（185）
222. 《乘风破浪》是怎样创作出来的？…………………（185）

223. 肖邦的《C大调夜曲》是怎么创作出来的？ ……… (186)
224. 哪些国家的国歌中写有海洋的内容？ …… (187)
225. 《蓝色多瑙河》是怎样诞生的？ ………… (188)
226. 意大利歌曲《划船歌》采用的是什么旋律？ …… (189)
227. 成田为三创作的歌咏海洋的歌曲是哪一首？ … (190)
228. 印度尼西亚民歌《星星索》是什么意思？ …… (191)
229. 德国歌曲《罗雷莱》是怎样诞生的？ ……… (191)
230. 德彪西是怎样创作出管弦乐曲《海》的？ …… (192)
231. 哪首管弦乐是披着神秘面纱的海洋音乐？ …… (193)
232. 《我的波尼》是一首什么样的歌曲？ ……… (194)
233. 《桑塔·露琪亚》歌唱的是哪个海港？ …… (195)
234. 《蓝色的雅德利亚》歌唱的是什么地方的海洋？ …… (196)
235. 《鳟鱼五重奏》抒发了什么样的思想感情？ …… (196)
236. 《渔光曲》的歌词内容是什么？ …………… (197)
237. 中国海军第一首队列歌曲是哪一首？ ……… (198)
238. 《大海啊故乡》是谁创作的？ …………… (199)
239. 用作厦门海关钟声的旋律出自哪首歌曲？ …… (199)
240. 首次全国海洋歌曲征集评奖活动是何时举办的？ … (200)
241. 首届全国海洋歌曲征集评奖的获奖作品有哪些？ … (200)
242. 我国首张海洋歌曲CD和盒式录音带是什么
    时候问世的？ ………………………………… (201)
243. 我国首张海洋歌曲专辑收录了哪些海洋歌曲？ …… (201)
244. 《东方之珠》歌唱的是哪座城市？ …………… (202)
245. 中国海军军乐团行进吹奏的保留曲目是什么？ … (202)
246. 《太阳·军旗·大海》歌舞晚会有什么特色？ … (203)

六、海洋民俗风情

247. 什么是"海人"？ ……………………………… (206)

海洋文化

248. 海人有什么特别的游泳技术？……………（207）
249. 海人是怎样造船的？………………………（208）
250. 海人有哪些宗教信仰？……………………（209）
251. 海人的服饰有什么特别的地方？…………（209）
252. 赛龙舟的习俗是怎样来的？………………（210）
253. 你知道哪些有关钓鱼的谚语？……………（211）
254. 什么是掷瓶礼？……………………………（211）
255. 船上的"十二生肖"有哪些？………………（212）
256. 什么是"扣点"和"大吊子"？………………（214）
257. 世界岛屿文化节在何时何地举办？………（214）
258. "渔雁"是什么意思？………………………（215）
259. 台湾渔家为什么崇拜关公？………………（215）
260. 游泳活动在哪些中国古籍中有记载？……（216）
261. 世界上第一个进入21世纪的国家是哪一个？……（218）
262. 世界上最后一个进入21世纪的国家是哪一个？…（219）
263. 崇拜鲨鱼的部落是怎样举行祭鲨典礼的？……（219）
264. 降半旗致哀的习俗是怎么来的？…………（220）
265. 世界上著名的海洋节有哪些？……………（221）
266. 什么是海神节？……………………………（221）
267. 威尼斯的赛船节在什么时候举行？………（222）
268. 海运节是怎么产生的？……………………（222）
269. 瑞典小龙虾节是怎么举办的？……………（222）
270. 荷兰为什么把"鲱鱼节"作为海洋节？……（223）
271. 哪国把"保卫200海里领海纪念日"作为海洋节？…（224）
272. "航海发现日"是在哪一天？………………（224）
273. 美国的牡蛎节有哪些特色？………………（225）
274. 荷兰为什么会有风车节？…………………（225）
275. 捕豚节是哪个国家举办的？………………（226）
276. 对妈祖崇拜是怎么形成的？………………（227）

277. 中国沿海地区有哪些富有海洋特色的民俗节？……（229）
278. 台湾高山族有哪些与海洋有关的民俗？………（229）

七、海洋著作学说

279. 哪些中国古籍记载了中国人最早的航海活动？……（233）
280. 中国古代有哪些典籍系统描述了航海壮举？…（233）
281. 有哪些中国古籍体现了海洋文化色彩？………（235）
282. "徐福东渡"在哪些著名的中国古籍中有记载？…（235）
283. 《史记》中有哪几处关于徐福东渡的记载？……（236）
284. 徐福为什么要东渡？……………………………（236）
285. 有哪些日本风俗表明徐福东渡是到了日本？…（237）
286. 徐福东渡走的是怎样一条航线？………………（238）
287. 日本的"阿辰观音"和中国哪位航海家有关？…（239）
288. 《徐福文化集成》是何时出版发行的？…………（240）
289. 哪些中国古籍可证明是中国人最早发现和到达美洲的？………………………………………（240）
290. 中国古代哪些书籍表达了海陆变迁的思想？…（241）
291. 《诗经》是怎样表述海陆变迁这一思想的？……（242）
292. 《管子》的"官山海"政策指的是什么？…………（243）
293. 《论衡》首次提出的重要海洋学内容是什么？…（243）
294. 义净的著作有什么意义？………………………（244）
295. 《抚州南城麻姑仙坛记》是怎样证实沧海变桑田的？………………………………………………（244）
296. 最早准确提出海陆变迁思想的是谁？…………（245）
297. 为什么说沈括也是海洋学家？…………………（245）
298. 《梦溪笔谈》对中国海洋文化有什么贡献？……（246）

海洋文化

299. 郑和有哪些关于海洋的思想、理论与学说？……（247）
300. 完整地记录世界上最早用指南针导航的书是
　　 哪一部？………………………………………（247）
301. 《真腊风土记》记载了中国人哪次大航海？……（248）
302. 《岛夷志略》有什么文化价值？…………………（248）
303. "郑和下西洋"在哪些史料中有记载？……………（249）
304. "郑和下西洋"在海外有多少传说、故事和遗迹？……（250）
305. 郑成功有哪些关于海洋的思想、理论和学说？……（251）
306. 《海运全图》有哪些内容？………………………（251）
307. 澳门"丝银之路"有哪三大航线？…………………（252）
308. 《裨海纪游》主要记载了中国哪座海岛的情况？……（252）
309. 《海国闻见录》主要有哪些内容？………………（253）
310. 《海国闻见录》有什么历史功绩？………………（254）
311. 哪部著作是中国的第一部潮汐史？………………（255）
312. 哪些史籍证明钓鱼岛自古就是中国领土？……（255）

313. 为什么说《郑和航海图》是"真正的航海图"？…（257）
314. 《万里海防图》有什么特点？……………………（258）
315. 《七省沿海全图》有什么特点？…………………（258）
316. 《古航海图考释》有什么价值？…………………（259）
317. 孙中山的海权思想表现在哪些方面？……………（260）
318. 现行"中华人民共和国全图"格式存在什么问题？…（260）
319. 什么是海上丝绸之路？……………………………（261）
320. 中国传统海洋农业文化是谁提出的？……………（263）
321. 中国传统海洋文化包括哪些内容？………………（263）
322. 《中国海洋年鉴》是部什么性质的书？……………（264）
323. 《中国古代海洋学史》是何时出版的？……………（264）
324. 《中国海洋事业的发展》白皮书的内容有哪些？……（264）
325. 中国第一家海洋书屋在哪里？……………………（265）
326. 《海洋》是一部什么样的书？………………………（265）

13

327. 马汉的"制海权"理论三部曲包括哪些著作? … (266)
328. 马汉的"制海权"理论的核心内容是什么? …… (267)
329. 《大海环航记》的作者是谁? …………… (268)
330. 第一个记载中国北方远洋航线的著作是哪一部? … (268)
331. 《唐大和尚东征传》的主要内容是什么? …… (269)
332. 《入唐求法巡礼记》是部什么样的著作? …… (270)
333. 《中国印度见闻录》是哪国人写的? ………… (271)
334. 《岭外代答》是怎样写成的? ……………… (271)
335. 《大元海运记》记载了哪些海运制度? ……… (272)
336. 《伊本·白图泰游记》记录了哪些国家的航海活动?
  …………………………………………… (272)
337. 有关"郑和下西洋"的三部最初史料是什么? … (273)
338. 中国古代专门的水军兵书是哪一部? ………… (273)
339. 《哥伦布航海日记》具有什么价值? ………… (274)
340. 真实记录麦哲伦环球航海探险的著作是哪一部? … (275)
341. 《航海之宝》是干什么用的? ……………… (276)
342. 《东印度航海记》有哪些价值? …………… (277)
343. 《大不列颠沿岸航路指南》是怎样创作完成的? … (277)
344. 开创近代郑和研究先河的是谁? …………… (278)
345. 《麦哲伦的功绩》是哪位著名作家写的传记? … (279)
346. 《康铁吉》是一部什么样的作品? ………… (279)
347. 《中国海洋报》创刊于什么时候? ………… (280)
348. 《海洋大辞典》包括哪些内容? …………… (281)
349. 你知道中国研究海洋的刊物有哪些吗? …… (281)
350. 《海洋在召唤》丛书有什么特点? ………… (282)
351. 《海洋的召唤》丛书有哪些内容? ………… (282)
352. 《走向海洋》丛书的内容有什么特点? …… (283)
353. 《中国走向海洋》是一部什么样的著作? …… (284)
354. 《中华海洋本草》的内容是什么? ………… (284)

355.《世界著名大海战》有什么特点？ …………(285)
356.《走向海洋丛书》有哪些内容？ …………(286)
357.《海洋与人类丛书》包括哪些内容？ ………(287)
358.《神奇的海洋世界丛书》包括哪些内容？ ………(288)
编后记 …………………………………………(290)
《海洋小百科全书》分类目录 ………………(291)

海洋文化

海洋神话故事

1. 神龙造海是怎么一回事？

中国古代神话传说中，有关大海是怎样形成的说法，五花八门，不胜枚举，其中东海、南海和北海是早就有的，只有西海是造出来的。怎么造出西海的呢？这里面有许多非常有趣的故事。传说在远古时代，大海里的老龙王生了四个儿子。为了使这些儿子学会治理大海的本领，老龙王决定把大海分给他们去管理。于是，龙太子分到了东海，二王子分到了南海，三儿子分到了北海，轮到了老四却无海可分了。老龙王对龙四子说："我的海域都分完了，你自己去创业吧！你要记住，你是智勇双全、能呼风唤雨的龙的子孙，你一定能自己创造出一个大海来的！"小神龙听了老龙王的话，信心百倍地驾起祥云就去寻找造海的地方。他先沿着东边找，见下面已有星罗棋布的湖泊，根本找不到一个适合造海的地方，只得又回到龙宫里来。老龙王告诉他，做事不要怕苦怕累，更不能一遇到挫折和困难就打退堂鼓，而要勇敢地向远处飞。小神龙听了老龙王的教导，终于飞到了大西北，找到了青海这块辽阔的土地。在这里，他发挥自己的聪明才智，大显神通，汇集大大小小的江河，终于造出了一个西

龙王图

海。当然,也有人说西海是当年文成公主因思念家乡而流的眼泪汇集而成的;还有的说是孙悟空大闹天宫时,由于他把天兵打得落花流水,玉皇大帝派二郎神来捉他,二郎神也被孙悟空打败后,躲在这里,他又饿又渴,就掀开了巨石压着的泉眼,没喝几口,孙悟空赶到,二郎神逃跑时忘了盖上泉眼上的石头,结果,泉水喷涌不止,就形成了西海。

2. 水晶宫是什么样的?

古代传说中的水晶宫是海底龙王住的宫殿,它是什么样子呢?水晶宫富丽堂皇,全是用海里的奇珍异宝造成的。水晶宫的柱子是用白玉做的,台阶是用青玉做的,窗帘是用水晶做的,宝座是用珊瑚做的,而且全都晶莹透明,坐在宫里就能看见外面的一切。水晶宫里冬天不冷,夏天不热,比在空调房间里还舒服,而且不刮风,不下雨,也不下雪,到处弥漫着沁人心脾的花香。龙宫的出口,是在东海的一个小岛上,那里红光如太阳一般温暖热烈,和天空连成一片,岛上有一株仙树,外人要进龙宫,必须先敲击仙树数下,然后再由巡海的夜叉像酒店的服务员一样把人引入龙宫。水晶宫四周全部都被海水包围着,当然了,里面也没有病菌,既安全又卫生,非常舒服。

3. 你知道美人鱼的传说吗?

中国神话传说中的美人鱼是鱼尾人身的海中仙女,又叫"鲛人"。她常常浮出海面,在银色的月光下纺织银白色的龙纱。有一回,一个少年渔夫在南海捕鱼,美人鱼就化作一个美丽绝伦的少女与他相爱。可是,她因去不掉自己的鱼尾而无法与少年渔夫结婚,美人鱼为此伤心

美人鱼雕塑

异常,总是暗暗流泪,她的眼泪化成了海里的珍珠。为了能与美人鱼结成夫妻,少年渔夫历尽千辛万苦,找来了世界上所有的奇花异草,酿成琼浆,洒在美人鱼的鱼尾上,终于使她变成了一个美丽的姑娘。从此,他们结成恩爱的夫妻,一直在海边过着幸福的生活。

4. "江黄"是什么?

"江黄"是什么呢?你也许会猜这大概指的是长江和黄河吧。要真是这样理解的话,那可就闹笑话了。因为中国传说中的江黄,既不是指长江,也不是指黄河,而是传说中的神仙,又叫"海人鱼"。江黄生活在万顷波涛的东海里,身长五六尺,面如美丽端庄的女子,长着鱼一样的身子。有一次,有个叫陈悱的打鱼人,在海边放了一个大竹笼,等到海潮退了以后,发现竹笼内有个美女,赤身裸体躺在沙中,既不能动弹,也不能说话,只是含泪望着周围的一切。别的人听说这件事以后,纷纷来看稀奇,轻薄的人还侮辱她。这天晚上,陈悱梦见竹笼中的女子,自称名叫江黄,因迷路而误落竹笼里,央求他不要移动竹笼,并发誓要报受辱之仇。天亮的时候,海潮又来了,被困在竹笼中的江黄,果然随潮水重返海洋。不久,那些曾经侮辱过江黄的人,都得了一种叫不上名称、也无法医治的病而死掉了,只有陈恒健康地活着。

5. "贯月查"是什么?

"贯月查"中的"查"是个多音字,在这里千万不能把它读成"检查"的"查",而要读成"楂"。"查"在古汉语中是"楂"的通假字,意思是水中漂浮的木头。"贯月查"是中国神话传说中一只浮在海上的神船,形状就像今天的木筏子。传说古时候有一个叫尧的帝王,在登位 30 年的时候,一个巨大的木筏出现在西海上,木筏上闪着光亮,这些光亮白天灭,晚上亮,在海上夜航的人们,远远就能看见它所发出的光。在这只神奇的木筏上,还住着许许多多长着翅膀的神仙,每当他们一觉醒来用甘露漱口的时候,日月立刻就会暗淡无光。更为神奇的是,这只木筏经常绕着中国周围四海漂行,几年绕行一周,周而复始,循环不停。

6. 什么是钓鳌客?

鳌是传说中的大海龟,它巨大无比,能驮起大山。钓鳌客,就是能钓起海中巨龟的人。传说在中国古时候,有一个巨人,名叫"龙伯",他身高体壮,力大无比。有一天,龙伯外出游玩,来到一个名叫五神山的山脚下垂钓。为什么叫五神山呢?相传在渤海东面有五座方圆五里的神山,由于他们浮在海面随波逐流,弄得天帝有时也搞不清它们谁是谁。于是,天帝就命令海神派十五只巨鳌,每三只负载一座大山,使它在海中任凭风吹浪打,永远屹立不动,五神山因此而得名。在海中驮着神山的巨鳌又饥又饿,却不能动身,见到龙伯的渔钩上有大块的肥肉,其中的六只巨鳌忍不住诱惑,纷纷咬钩,结果都被龙伯钓出了海面。龙伯把它们背回家,做了下酒菜。那两座没有巨鳌负载的神山,又在海中到处飘荡,一座漂到了南极,一座漂到了北极,结果都冻在那里回不来了。后来,人们就用"钓鳌"比喻抱负远大或举止豪迈,用"钓鳌客"比喻有雄心壮志的人。我国唐代伟大的浪漫主义诗人李白,就自称是"海上钓鳌客"。

7. 你知道"如愿"的来历吗?

在日常生活中,当人们实现了梦寐以求的愿望时,常把这称作"如愿以偿"或说"总算如愿"了。其实,人们常说的"如愿",原本是中国神话中使人万事如意的一个神灵。传说有一个叫欧明的江西人,路经彭泽湖时,把财物投进湖里,作为献给湖神的礼物。过了若干年,欧明又从彭泽湖经过。湖神听说后,就派龙车前来相迎,盛请欧明到龙宫做客,以答谢他敬神的诚意。到龙宫后,湖神拿出许多财宝,任他挑选。可欧明一件也没要那些珍宝。原来欧明在来龙宫途中,曾听迎接他的使者说过,湖神有个侍女叫如愿,非常神异,能满足人的任何愿望。欧明请湖神赐他如愿,湖神满足了他的要求。欧明带如愿回家后,任何愿望都能从如愿那里得到满足。欧明开始得意忘形,不再爱惜如愿,甚至还打骂如愿。如愿不堪忍受,又逃回龙宫。欧明从此穷困潦倒,没有一天好日子过。

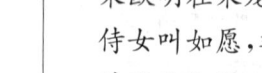8. 后羿为什么射伤了河伯?

在中国神话传说中,后羿是著名的神箭手。当时天上有九个太阳,烤着大地,后羿射灭了其中的八个,只留下今天这一个太阳,所以百姓都很感激他。河伯是黄河水神,长着人的面孔鱼的身子,乘坐的是荷盖水车,经常驾着两条龙在黄河里飞腾。河伯总是对自己所娶的妻妾不满意,他一不顺心如意,就让黄河泛滥成灾,要老百姓把最年轻、最漂亮的女子扔进黄河,直到他高兴了,才停止黄河泛滥。人们深受其苦,纷纷恳求后羿教训教训河伯。有一天,河伯变成一条白龙在河边游泳,神箭手后羿一看时机已到,抬手一箭,射瞎了河伯的左眼。河伯打不过后羿,就到天帝那里去告状,要天帝杀后羿。天帝早就知道了这件事,就批评河伯说,如果你深守河宫水府,不出来惹是生非,后羿就不会射伤你,如今你变成禽兽,后羿当然要射伤你了。听了天帝这番话,河伯哑口无言,乖乖地回到河宫。这样,黄河两岸的百姓也就有了一段太平日子。

后羿射瞎河伯

9. 你知道河伯女的故事吗?

河伯女是黄河水神河伯的女儿。河伯脾气暴躁,他的妻妾也个个不能令他满意,可他的女儿河伯女却活泼可爱,天真善良,深得河伯的喜爱。有时,河伯女变成一块发出五色霞光的石头,一会儿静静地沉在河底,观赏周围的鱼虾水草,一会儿浮出水面,随波荡漾,观看来往船只和天空飘过的白云。一次,武昌一个叫吴龛的少年乘船过河,从河里拾到一块五彩的浮石。他爱不释手,晚上回到家就把它藏在自己的枕头底下。到了夜里,这块五彩浮石变成了一个美丽的少女,自称是河伯女,而且表示已经爱上了这个少年。两人很快就定下了婚事。随后,河伯女又带他到河里拜见河伯。河伯听说女儿有了喜欢她的男朋友,非常高兴,就穿着白罗袍,亲自到水晶宫前相迎,还邀请水族中的亲朋好友前来水晶宫参加河伯女的婚礼。这事后来被记载进了《太平御览》这本书中。

10. 夔鼓有什么妙处?

中国古代神话《山海经》说,在当时的东海中有一座山,叫作流波山。山上有一头怪兽叫夔,外形有点像牛,但头上却没有角,只有一只脚,身子青灰色。它的两眼像太阳一样明亮,声音像打雷,当它跳进大海时,天上必定会有狂风暴雨,给人们带来灾害。黄帝为了降服这头怪兽,就调动天兵天将把夔抓起来,用它的皮做成了一面夔鼓。这面鼓发出的鼓声能传到500千米以外,黄帝以此鼓威震天下。在后来与蚩尤的战争中,尽管蚩尤脑袋坚如铜铁,能飞腾空中,强悍异常,但在黄帝擂出的夔鼓声中,蚩尤却被吓得魂飞魄散,既不能飞,也不能走,只得乖乖地投降。

11. 谁是中国的波涛之神?

阳侯像

在中国的神话传说中,掌管风的叫风神,掌管雨的叫雨神,掌管山峦的叫山神。你知道掌管江河湖海的神是哪一位吗?他就是中国神话中的波涛之神,名叫阳侯。阳侯原本是伏羲手下的臣子,因为犯了罪过,便投江自杀而死。伏羲考虑到他生前的功绩和辛劳,就把他化为江河湖海中的波涛,阳侯从此成了波涛之神。有时江河湖海的表面,风平浪静,那是波涛之神阳侯在水底还没有睡醒或者正是他高兴的时候,而一旦见到江河湖海上掀起了狂涛,那一定是阳侯生气发怒的时候,人们这时乘船航行,可要千万小心,因为波涛之神阳侯发怒时,偶尔也会掀翻船只甚至吃人。

12. 子羽为什么要斩杀蛟龙?

子羽是孔子的学生,非常勇敢,武艺也十分高强。有一回,子羽带着千金白璧要过波涛汹涌的黄河到对岸去。可是不知怎么搞的,子羽身带宝物的消息,被黄河水神河伯知道了。河伯就起了贪心,想把千金白璧占为己有,但又不好意思亲自出面去抢,就暗地里派出两条蛟龙趁子羽过河时去抢劫。不料,这两条蛟龙的武艺比不上子羽,全被子羽用宝剑杀死了。子羽明白是河伯想要白璧,等船过了黄河后,子羽就取出腰间的白璧连续向黄河扔了三次。结果白璧落到黄河水面不但不沉,反而都被反弹到了子羽的脚下。子羽知道河伯不好意思要,但也很后悔自己杀死了蛟龙,就把白璧砸碎了。

子羽斩杀蛟龙

13. 愚公移山的目的是什么?

愚公移山的故事,在我国可以说是家喻户晓,妇孺皆知了。这个故事说的是有一个叫愚公的人,因太行、王屋两座山阻碍出入,就想把山铲平。有个叫智叟的人嘲笑他愚蠢,说一个人就是一辈子不停地挖山,也不能把山挖平。可是愚公却回答他说:"即使我死了,还有我儿子挖山不止;我儿子不能挖山了,还有我的孙子来挖山;这样世世代代子孙不会断绝,而山却不能再增加一寸,山总有一天会被挖平的。"愚公全家挖山的事后来被天上的玉皇大帝听说了,他很受感动,就派两个大力士把这两座山背走了。这里,我想请大家思考的问题是,愚公移山的目的到底是什么?有人说了,不是要移山开路吗?这其实只答对了一半,愚公移山的实质是移山填海。因为移山开路不存在山石如何放置的问题,然而《列子·汤问》在讲述愚公移山的故事时,曾问愚公"且焉置土石",就是把土石放到哪里呢?愚公的回答是"投诸渤海之尾",扔到渤海里。据《中国自然地理图集》华北平原的成长一图所示,在7400年前,海岸线确实西至太行山脚下;此后,海水逐渐东退。大约在四五千年前,华北平原仍有一半被海水淹没,另一半也多为沼泽地,不适于人类居住。也就是说当时渤海海水已漫到太行山、王屋山一带,愚公和他的家人子孙们是要将山石投入海水之中。有句成语叫"移山填海",讲的也是这件事,目的是要填堵海水重建美好家园。

14. 秦始皇造海桥的结果怎么样?

秦始皇是中国第一个皇帝。统一中国以后,为了欣赏海上日出的壮丽景色,秦始皇就打算修建一座能够跨越大海的石桥。东海海神被秦始皇的诚意所感动,就驱石下海,很快就建成了一座长达数十里的大石桥。秦始皇为了感谢海神,要求同他见上一面。海神答应了秦始皇的请求,但提出一个要求:见面可以,

秦始皇像

但不准画他的像。秦始皇表面上表示同意,暗地里却派随从偷偷用脚趾在地上勾画海神的形象。不料却被海神发现了,海神非常生气,指责秦始皇不讲信用。海神怒吼一声,轰鸣阵阵。秦始皇看事情不好,立即转身骑马就跑。就在马的前腿刚刚踏上岸的时候,腾空的后腿下面的桥崩塌了,只剩下几根桥柱孤零零地立在海水之中。秦始皇后悔万分,可后悔又有什么用呢。只能怪他自己不讲信义,结果害了自己。

15. 安期生是怎样成为海上神仙的?

安期生是中国神话中的神仙,据《列仙传》上说,他是山东琅琊人。有一次,他去东海边买药,不小心误入蓬莱仙山。蓬莱仙山是东海的一座仙山,山上花果遍地,景色迷人。山上住着许多神仙,这些神仙吃了山上长的长生不老药后,个个能活成千上万年。安期生来到蓬莱仙岛后,无意中吃到了这种长生不老药,成了神仙,人称"千岁翁"。长生不老药是蓬莱仙山一棵大树上结的果子,叫仙枣,味道和我们今天吃的大枣差不多,但个头有西瓜那么大。后来,秦始皇东游的时候,和安期生相遇,两人一起玩了三天三夜。临分手时,秦始皇送给他价值数千万的黄金和白玉,都被安期生拒绝了。安期生赠给秦始皇一双赤玉鞋,并留下一封信,说数年以后,他将和秦始皇在蓬莱山相会。秦始皇等不及那天,为了早日吃到长生不老药,他派出数百人乘大船出海寻找蓬莱仙山。可每次都是船一靠近,仙山就被神风吹得无影无踪,即使不被吹走,也始终无法登上仙山。

16. 客星犯牛郎是怎么一回事？

中国古代典籍《博物志》中的《杂说》里，记载了一则传说故事。相传在远古时代，天河与大海是相通的。在一座不知名的海岛上，有一个渔夫在木筏上建造了一间能遮风避雨的板棚，然后带上充足的粮食和淡水，趁着八月大海潮，坐上木筏，随着大海的波涛漂去。最初的几天，一切都很正常，海面风平浪静。可过了不久，一切都

牛郎、织女和渔夫

变得模糊不清。这样不知过了多久，渔夫忽然看见一个村子，一个妇女正在家门前悠闲地织着布，一名男子牵着一头大黄牛去河边饮水。牵牛人看到渔夫很吃惊。渔夫问牵牛人这里是什么地方，牵牛人却要他回四川问天文星相专家严君平。说完，渔夫乘坐的木筏又开始往回漂。靠岸以后，渔夫来到四川，找到了严君平。严君平翻开记录一看，只见某年某月某日的日记上，记载着客星犯牛郎的事。严君平一推算，这一天正好是渔夫和牛郎相遇的日子。这时，渔夫才恍然大悟，原来他乘木筏从海上到了天河，而且还遇到了牛郎和织女这对勤劳、善良的夫妻。

17. "八仙过海"中的八仙是怎样得道成仙的?

"八仙"是中国古代道教神话中的八位神仙,个个身怀绝技,惩恶扬善,行侠仗义。关于他们的传说很多,时代不同,说法也不一样。唐、宋、元、明的一些著作中,凡涉及神话故事的,对八仙都有记载。明中叶吴元春所著的《八仙出处东游记》第一次对"八仙"的男女性别、各自的称呼及本领下了定论。"八仙"之首铁拐李,相传姓李名玄,遇太上老君而得道,神游时因其肉身误为徒弟火化,游魂无所归依,只好附在一个饿死者的尸体上,从此成了一个蓬首垢面、袒腹跛足的人,他用水喷倚身的竹杖,使它变成铁杖,所以人称铁拐李。汉钟离相传姓钟离名权,人们叫他汉钟离,受铁拐李点化,上山学道,能飞剑斩虎,点金济众,有治恶扬善之德。张果老相传隐居恒州中条山,往来汾晋间,得受铁拐李等诸仙论道说法,集天地之气和日月之精而长生不老,常倒骑一匹白毛驴,日行数万里,休息时就把驴像纸一样折好,藏进箱子里,他精通万法,变幻莫测。吕洞宾相传姓吕名岩,号纯阳子,是唐代末年的道士,曾两次参加进士考试都落榜,浪迹江湖,遇汉钟离得到丹诀,他文武皆通,身精熟艺,通称吕祖。蓝采和所传故事最早见于南唐沈汾的《续仙传》,说他经常身穿破蓝衫,一脚穿靴,一脚赤足,手拿大拍板,在闹市中行乞,乘醉而歌,周游天下,后遇铁拐李,给他讲道成仙。何仙姑是"八仙"中唯一的女性,相传她是广州增城人,十四五岁时,吃了云母粉后成仙,她行走如飞,坚贞不嫁,每日朝去暮回去山里采药给母亲,后被吕洞宾所超度,成为他的弟子。韩湘子相传是韩愈的侄子,生有仙骨,能在初冬时于几天内让牡丹花开数色,乐于排忧解难救险,遇吕洞宾而得道。曹国舅相传叫曹友,宋代皇帝的小舅子,由于他的弟弟仗势作恶,恐受牵连,于是散财济贫,入仙修道。八仙各个本领神通,做了不少好事,也有不少趣事,所以人们到处传诵他们的故事。

18. 你知道聚宝竹的传说吗?

在中国众多的传说故事中,有许多是关于聚宝竹的。据说南宋时,温州有个叫张愿的巨商,经常出海进行贸易。有一回,张愿在航海途中遭遇风暴,结果迷失了方向。他乘船随风在海上漂流了五六天以后,来到一个不知名的小岛。这个小岛上长的全是竹子,非常茂盛。张愿上岸后随手砍了十根竹子,就在他准备再多砍几根竹子的时候,忽然来了一个白衣仙翁,催促他赶快离开这里。张愿向白衣仙翁询问归途的方向,仙翁用手指了指东南方向,一言不发地走掉了。张愿听了白衣仙翁的话以后,果然一帆风顺地回到了温州。他把砍来的毛竹有的做桅,有的做篙,用掉了九根,剩下的那一根不知做什么用,就扔到了一边。有一天一个外国商人登上他的船想要买货,结果外国商人一见桅杆和竹篙,就连声大叫可惜可惜。后来这个外国人看到船上还剩下一根,就打算买走。张愿见有利可图,张口就要价五千元。这个外国人立刻答应下来,当场给了现金,并和张愿立下契约,永不反悔。张愿痛快地答应了。办完手续后,张愿高兴之余不禁有些纳闷,怎么一根竹子竟能卖到这么高的价钱呢。外国商人告诉张愿说,这不是普通的竹子,而是一根世上罕见的聚宝竹,只要把他立在大水塘中,水泽中的宝贝都会围聚在宝竹的旁边,到时你只要下去采集就是了。张愿听了后悔不迭,但因立了契约,只能眼睁睁看着人家拿走了聚宝竹。

19. 哪吒闹海是怎么回事?

哪吒是中国神话中玉皇大帝手下的天仙。他奉玉皇大帝的命令下凡到人间除妖降魔,投胎成为托塔天王李靖的儿子。哪吒出生时是一个大肉球,李靖以为他是妖精,就用宝剑把肉球劈开。结果,从里面跳出一个长着三个脑袋六条手臂的小孩,这个小孩一出生就会说话,能走能动,一手拿着乾坤圈,一手拿着红缨枪,两脚各踏一只风火轮,浑身上下只穿一件红绫绸,他的左掌心有个"哪"字,右掌心有个"吒"字,因此,李靖就给他取名叫"哪吒"。哪吒刚出生五天,就蹦跳着到东海洗澡,搅得东海海水翻腾,龙宫摇摇欲坠。龙王派龙太子出来查看,龙太子欺负哪吒年纪小,想教训教训哪吒。不料几个回合下来,哪吒竟用手中的乾坤圈砸死了龙太子,并抽下他的筋做皮鞭。失去儿子的老龙王伤心欲绝,可又打不过哪吒,就到玉皇大帝那里控告李靖教子无方,闯下人命大祸。玉帝命令天兵天将捉拿李靖归案。哪吒为了表示自己的所作所为和父母无关,毅然将自己剖腹剜肠,割下身上肉还给母亲,剔下身上骨还给父亲。哪吒死后,灵魂飞上西天,向如来佛祖求告。佛祖就用碧藕为骨,荷叶为衣,使他的灵魂借莲花为躯体复活。复活后,哪吒的本领更加神通广大,他降服了人间九十六洞妖魔后,重返天上做了玉皇大帝手下的第一元帅。

《哪吒闹海》

20. 海神求宝是怎么一回事?

宋代作家李昉(925—996年)在他的笔记小说集《太平广记》中记载了一个海神求宝的传说故事。一个波斯商人来中国经商,途中到一家客店过夜。这个波斯商人见店主门前有块方石,就用两千元钱买了下来。他当众剖开石头,得到一枚大明珠。为了藏好这颗大明珠,他用刀划开自己的腋下,把明珠藏进肉里,然后就乘船回国去了。在海上航行了十多天之后,忽然海上风浪大作,船眼看就要沉下去了。驾船的船夫知道这是海神在向他们寻求宝物,但是搜遍船上,也没有找到一件宝物可以献给海神。船眼看就要沉到海底了,这个波斯商人非常害怕,就从腋下取出明珠交给船夫。船夫手中高举明珠,大声对海神说:"如果有神灵要这颗明珠,就请来取吧!"话音刚落,大海中果然伸出一只长满长毛的大手,托着明珠消失在海里。海面立刻就变得风平浪静了,波斯商人也一路平安无事地回到了家。

21. 石首鱼的名称是怎么来的?

唐宋时期编辑的地方志《吴地记》中有这样一段记载:春秋时期,吴王阖闾十年,吴国遭到来自东方的敌人的侵袭,吴王亲自率领人马出战,他们以长洲岛为据点,出海反击。吴王率领的大队人马在海上驻守了一个多月。这时正值大风季节,粮食没法运到岛上来,军队的战斗力受到很大影响。吴王看在眼里,急在心上,情急之下跪向大海祈求上天保佑他们歼灭敌人平安返回。当他焚香祈祷完毕后,海上立刻东风大作,不一会儿,就见海面上有一片金光向岸边逐浪而来,并围着长洲岛环游百圈,原来是通体成金黄色的大鱼。吴王立即下令让士兵们下海捕捞,大鱼烤熟之后肥美异常,香味扑鼻。士兵们有了力气,终于杀退了敌兵。回来后,他们想起救他们命的鱼,发现在鱼的内耳中有一块坚硬如石的骨,他们就把这种鱼叫作石首鱼,也就是今天人们所说的黄鱼。这种鱼现在已经成了餐桌上的"贵族"食品,价格还很贵呢。

22. 你知道海珠石的传说吗?

据史料记载,海珠石是古代珠江的一块巨型礁石,位于今天珠海沿江西路和新堤至横路附近,长100多米,宽50米。因其长期受江水的冲刷而光洁如玉、浑圆如珠,它随潮汐变化浮沉海上,被人称为"海珠石"。关于"海珠石"的美名和来历有一个神奇的传说。据《广东新语》记载,"南海有沉鱼之香,亦有浮水之石。"相传有胡贾持摩尼珠来到这里,摩尼珠突然自己飞入水中,一到晚上就发出闪闪光亮,因此南海叫作珠海,浦叫沉珠,这块巨石就称作了海珠石,海珠石与海印石、浮丘石并称为"羊城三石"。在宋代的时候,三石还在江中,后因泥沙冲积,此石才与珠江北岸陆地相连。1928年,海珠石所在地曾被辟为海珠公园。1931年国民党拆筑新堤时,海珠石沉埋地下,成为新堤的一段,1999年又被意外挖出,成为珠海历史上最重要的自然人文景观和珠江变迁的见证,是中华三江文化(黄河、长江、珠江)中珠江中心地位的象征。

23. 洱海月有什么来历?

这是一个非常优美的山川名胜传说。讲的是在很久很久以前,中国云南的洱海里有三条非常善良的青龙,做了不少好事。后来,不知从什么地方跑来了一条黑妖龙,他到处为非作歹,祸害百姓,梦想独占洱海。百姓们纷纷求助于三条青龙帮助他们,三条青龙同心协力与黑妖龙大战了一场。无奈黑妖龙本领十分厉害,三条青龙使出浑身本领也未能降服他,而且个个打得伤痕累累。就在双方难分胜负的时候,观音娘娘恰好乘彩云从天上路过,知道了这些事情,便取出定海神珠,掷向了黑妖龙。只见那颗定海神珠从天上一飞而过,化作闪闪发光的大金盆,一下子把妖龙罩在海底。观音娘娘又在金盆上系上金链,拴在金桩上,派出一条金牛在金桩旁看守,那只罩住黑妖的大金盆就成了海底的"金月亮"。洱海旁有个朱百万,听说海底有金链子,立刻起了贪

观音降伏黑妖龙

心,就连夜去偷。"哗哗啦啦"的拉金链子的响声惊动了看守它的金牛,金牛立刻放开四蹄,一声咆哮,掀起大浪,把朱百万吞得无影无踪。天上的观音娘娘知道了这件事以后,为了不让贪婪的人再起贼心,就用一块绣着白花的蓝手帕把金月亮盖了起来。从此,原来闪闪发光的洱海金月亮虽然还留在海底,却再也不能放出炫目的万道金光了。

24. 罗浮山是怎么形成的?

在广东境内的东江北岸,有一座山势峭拔、草木葱茏的大山,叫罗浮山。其实,在很久很久以前,罗浮山是分成罗山和浮山两座大山的。它们也并不是像今天这样连

在一起,而是彼此分开的两座山。其中浮山原来是一座仙山,山没有根,漂浮在东洋大海里,山里住着东海龙王的女儿小龙女。有一天,小龙女来到南海罗山游玩,碰到了南海龙王的儿子小黄龙。小黄龙告诉小龙女,由于东海龙王作恶,已经使罗山连续三年干旱无雨,当地百姓已经无法生活。唯一的办法就是来一个两龙戏珠,才能解救灾民。于是,小龙女纵身跳入海中,吐出一颗斗大的明珠。他们把明珠扔进罗山上的一口深井里,立刻就从深井里喷出一股清亮的泉水,流进干裂的土地,万物因此而得救。小龙女和小黄龙彼此也产生了爱情,就决定在罗山结婚。不料,这事被东海龙王知道后,立刻派手下的虾兵蟹将,把龙女抓回来囚禁在浮山上,把小黄龙投入罗山的深井里。小龙女日夜思念着她的心上人小黄龙,她的声声叹息变成了海上的风暴,滴滴眼泪落进了大海,使海水从此变得又咸又涩。小龙女和小黄龙的真挚爱情终于打动了海里的万年神龟。在一个风雨交加的夜晚,万年神龟趁着守护它们的山神没注意,驮起浮山向罗山游来。小黄龙趁机挣脱锁链,飞出深井,与小龙女相会在一起,过上了幸福的生活。从此,罗山和浮山就连在了一起,成了今天屹立在广东东江北岸的罗浮山。

25. 河蚌是如何报恩的?

在中国安徽省,提起这里的美丽城市蚌埠的来历,还有一个关于河蚌姑娘报恩的动人传说呢。那是在很久很久以前,在淮河边上有一个打鱼的青年,名叫吴孩。有一次,他去淮河打鱼的时候,看见一只长腿大鹭鸶正在用尖嘴猛力啄一只河蚌。吴孩看着不忍心,就赶跑了鹭鸶,把河蚌救出来重新放回河中。吴孩的父母已经去世了,他至今还没有娶妻,平日里除了外出打鱼,回到家还要洗衣做饭忙家务,非常辛苦。可是,这天中午吴孩回到家,却见家里的脏衣服都洗得干干净净的,屋子也收拾得亮亮堂堂的,桌上的饭菜正热气腾腾地冒着诱人的香气。一连几天,都是如此。他心里感到很奇怪,就想弄清楚这是怎么回事。几天以后,他装着照常外出打鱼的样子,半路悄悄地跑回家,躲在屋子里观看,只见从河中央飞出一朵白云,载着一个美丽的姑娘飘进他家,干完家务活,就又飞回去了。吴孩于是就到龙王庙谢恩,看见龙母后面站着的一个泥塑女子,很像那位姑娘,就悄悄地把她背了回来。一到家,那

河蚌姑娘

姑娘便自己跳到地上,告诉吴孩说她是河蚌姑娘,是来报答吴孩的救命之恩的。从此,两人相亲相爱,结成了一对美满的夫妻。吴孩去打鱼的时候,河蚌姑娘拿出明珠一照,就能打到很多鱼。后来,淮河龙王听说了这件事以后,就要抢河蚌姑娘作自己的妃子。淮河龙王趁河蚌姑娘去河边打鱼的时候抓住她,河蚌姑娘奋力抵抗,无奈势单力薄,最后终因体力不支而死在河边。外出打鱼回来

的吴孩悲痛异常,把她葬在淮河南岸,在她的坟头放了一颗明珠。渔民如果顺着明珠指引的光打鱼,就能打到很多鱼。为了感谢河蚌姑娘的恩情,渔民们打鱼回来,都到河蚌姑娘的坟上添一把土。这样,日复一日,年复一年,就堆成了一座小山,人们就在这附近建起了一座城市,起名就叫蚌埠。

26. 崂山是怎么得名的?

在山东半岛上有一处道教名胜,这就是青岛崂山。传说这地方原来是茫茫无边的东海滩,东海里的鳌鱼精(也就是大海龟)经常到岸边兴风作浪,危害百姓。在东海边住着一对兄妹,哥哥叫大智,妹妹叫大勇,他们决心制服鳌鱼,为民除害,救出苦海中的父老乡亲。于是,他

兄妹斗海龟

们离家向西去拜师学艺。过了千山万水,他们遇到了一个白须白发白眉的老人,老人的家在数千里之外,要大智和大勇背着他走。大智刚背着他走了一步,就变成了一

个顶天立地的巨人，大勇也和哥哥一样，成了巨人。老人让变成巨人的兄妹二人赶快回去制止鳌鱼的害人行为。说完，只听"轰隆"一声巨响，老人化成了一座全是白石头的大山。大智和大勇回到了东海边，就用牛皮缝成了一个重达万斤的大草牛，又把重达万斤的钩系上白纱绳装进草牛的肚子里。兄妹二人连夜把大草牛扛到海边，在几十里以外的地方，把拉着钓钩的绳头藏在草丛中。这一天正是八月十五大海潮，东海里的鳌鱼也趁着大海潮，摆动着自己笨重的身体游到大海边。鳌鱼看到有一头牛在岸边吃草，就一口吞了下去，结果，鳌鱼怎么也脱不了钩。大智大勇兄妹俩就一直把它拉到东海岸，拴在了石头岛的一根柱子上。这鳌鱼头朝南，尾冲北，脊梁朝天，肚子朝地躺在沙滩上，一动也不能动。就这样，日复一日，年复一年，这头鳌鱼就变成了一座南北长20千米、东西宽15千米的大山。一开始人们把它叫作鳌山。鳌山由于又陡又险，人们攀登它特别劳心费力，后来人们改称它为"劳山"，而到了文人墨客的诗文当中，又写成了"崂山"，并且一直流传到今天。

27. 镆铘岛有哪些动人的传说？

在胶东半岛最东端，有一个神幻绮丽的剑型岛屿，叫镆铘岛。它就像一把宝剑置于水中，剑柄在西，剑指东北。关于这座小岛，有一段神奇悲壮的传说。据陆广微所写的唐宋地方志《吴地记》的记载和民间传说，在春秋末期，吴王阖闾让铸剑名将干将为他铸剑。干将和妻子镆铘苦炼了三年，终于铸成了雌雄二剑，雄剑名叫"干将",雌剑名叫"镆铘"。干将知道献剑后吴王为绝他再为别人铸剑之患,必将杀他无疑,因此决定藏下镆铘,以备后人为他报仇雪恨。吴王得了"干将"剑后果然杀死了干将。后来干将的儿子赤鼻长大后,遵母命用"镆铘"剑为父报仇后也自刎而死,不料"镆铘"顿时化为巨龙,腾飞升空,一直飞到黄海之滨,因喜欢这里的山海,便坠入海中,化为眼前的剑型岛屿镆铘岛。而从镆铘岛向西南眺望,有一块形状特别像人立的山字形礁石,就像镆铘剑的穗子一样,当地人把它叫作"姑嫂石"。关于"姑嫂石"还有一段美丽的传说。传说很久很久以前,为凑够给母亲买药治病的钱,美丽的嫂子带着两个美丽的小姑子顶风冒雨去赶海。哪知她们正好赶上龙太子出宫巡游,龙太子看上了岸边的两个小姑娘,想把她俩带回龙宫。龙太子施展妖术,掀起巨浪,海水一下子淹到姑娘们的脖子上。嫂子见此情景,不顾自己性命,一下子跳进翻滚的海水,一手抓着一个小姑子,拼命向岸上拉,虾兵蟹将们怎么也无法分开她们。龙太子一气之下,把姑嫂三人变成了三块礁石。从此,海面上便出现了三埠紧密相连的石笋,中间的高大,两边的矮小,酷似嫂子拉着两个小姑子,后人便称作"姑嫂石",如今这里已成了闻名遐迩的旅游胜地。

28. 太阳神阿波罗是在什么地方出生的?

在古希腊的神话故事中,有许许多多的神,其中有一个神,名叫阿波罗。和我们人类一样,这些神也都有自己的工作。阿波罗的工作是什么呢?他主管光明、青春、医药、畜牧、音乐和诗歌。由于这些都是神们和人类不可缺少的生活内容,就像太阳一般重要,所以人们把阿波罗称作太阳神。别看太阳神阿波罗有这样大的权力,可是,在他出生前,他母亲勒托为了能让他顺利出生,却吃尽了苦头,费尽了波折。为了给阿波罗寻找一个安全的出生地,他的母亲曾经怀着身孕四处流浪。阿波罗的父亲是奥林匹斯山上的众神之父,名字叫宙斯。宙斯虽然早已有了妻子天后赫拉,可是,宙斯仍然不改风流的德性,他背着赫拉,又偷偷爱上了美丽温柔的女神勒托。天后赫拉得知宙斯让勒托怀孕后,愤怒地把勒托赶下了众神居住的奥林匹斯山,下令大地上的任何地方都不准收留勒托。这样一来,大地上的人们因害怕赫拉的报复,都不敢收留勒托,她在大地上无处容身。眼看阿波罗就要出生了,有一天,勒托来到大海边,挺着高高隆起的大肚子向海神波塞冬求救。海神波塞冬非常同情她,立刻派一条海豚驮着勒托离开了残酷的大地,登上了一个属于海神波塞冬所有的得

阿波罗的诞生

洛斯岛,从此勒托才摆脱了赫拉的迫害。就在得洛斯岛上的棕榈树下,勒托生下了一对双胞胎,这就是阿波罗和

他的妹妹阿尔忒弥斯。全世界都为他们的诞生而高兴,太阳在海面上跳舞,月亮俯下身去亲吻摇篮中的阿波罗。后来,他的父亲宙斯也悄悄给阿波罗带来了礼物,有一对天鹅、一辆飞车、一把竖琴和一张银弓。后来,阿波罗在宙斯的授意下就成了太阳神。

29. 你知道维纳斯吗?

公元1820年,在希腊米洛岛山洞里,一个农民无意中发现了一座大约有两米高的大理石塑像,塑像的主人公是一位充分体现了女性美的希腊女神。整个塑像肌体圆润,女神美丽无比,上半身裸体,下半身披着衣衫,曲立

海水泡沫中诞生的维纳斯

凝视,仪表、身材、姿态及衣纹、线条极其自然、柔和,让人惊奇的是她竟没有两只胳脯。据说,这是公元前一二世纪希腊雕塑家亚力山得罗的作品,这位女神就是希腊神话中的爱神和美神,相当于罗马神话中的维纳斯。维纳斯在希腊语中被称作"阿佛洛狄忒"。这个名称和这个女

神的诞生有重要的关系。据说,天神克隆纽斯和他的父亲争夺王位,砍伤了父亲,他父亲的血落进爱琴海里以后,海水中突然泛起一阵泡沫,泡沫越来越多,使大海卷起一朵美丽的浪花,就在这美丽洁白的浪花中,出现了一个美丽的女神,她就是阿佛洛狄忒,也就是维纳斯。这个女神的名字就是"从海水的泡沫中诞生"的意思。她掌管着人类的爱情、婚姻、生育以及一切植物的繁殖生长。

30. 阿里翁是如何得救的?

阿里翁是希腊神话中非常著名的歌手,他歌声嘹亮,声音优美动听,人人听了都会着迷。希腊各地的人都喜欢听他唱歌,就连奥林匹斯山上的众神也不例外。阿里翁的歌声唱遍了希腊大地。有一次,他乘船游历时,船上的水手为了劫取他的财物,企图杀死他,无论他怎样反

海豚营救阿里翁

抗、挣扎,这些劫匪们都不放过他。万般无奈之际,他请劫匪们准许他唱完最后一首歌后再投海而死,劫匪们同意了他的请求。于是,阿里翁把唱歌的本领都使了出来,尽情地歌唱人类最美好的事物。他的歌声终于打动了音乐之神阿波罗,正当阿里翁唱完最后一首歌,准备投进波

涛汹涌的大海的时候,阿波罗变成海豚,从海中跃出,把他救了出来。从此以后,海豚们每逢遇到海中有人落水,总是争先恐后地来救护。

31. 阿瑞图萨是怎样逃脱劫难的?

阿瑞图萨是希腊神话中的泉水女神,是月神阿尔忒弥斯的随从。她年轻貌美,常常独自一人浮在水面,欣赏海天美景和往来的船帆,每当这时,水中的大小鱼儿就聚在她身边,围着她翩翩起舞,唱起美妙的渔歌。有一次阿瑞图萨在水中洗浴的时候,被河神发现,河神被她的美丽

阿瑞图萨化为喷泉

所吸引,就化作一个男子来向她求爱。害羞的阿瑞图萨立刻被月神阿尔忒弥斯保护起来,可河神还是死命纠缠。无奈之下,月神阿尔忒弥斯立刻把她化为一股清泉流入地下,然后再从希腊的一个海岛里喷出来,阿瑞图萨这才逃脱了河神的纠缠。从此,有些海岛上也就有了喷泉,传说那是阿瑞图萨的化身。

32. 埃俄洛斯是怎样帮助奥德修回家的？

埃俄洛斯是希腊神话中的风神，他住在一个用铜墙和峭壁环绕的海岛上。参加完特洛伊战争的奥德修乘船从海上回乡途中，漂流到埃俄洛斯居住的岛上，受到风神埃俄洛斯的热情接待。临别时，埃俄洛斯送给奥德修一只风袋，里面装着各种各样的恶风、怪风、狂风和暴风等，只把顺风留在外面。风神埃俄洛斯告诉奥德修，路途中千万小心，决不许任何人打开风袋。果然，奥德修和他的同伴们所乘的船在海上一路顺风，很快就看到了家乡。

奥德修乘船回家

奥德修因一路劳累，在船上昏昏睡去。不料他的同伴们趁他睡觉的时候，好奇地打开了风袋。这下可闯了大祸，风袋中原本被扎住的各种恶风一下子全逃了出来，结果在海上形成了巨大的风暴，刮得奥德修和他的同伴们驾驶的大船在海中失去了方向，结果又漂回风神岛。风神责怪奥德修不守诺言，便不再接待他和他的同伴们，奥德修感到很委屈，同伴们也后悔莫及。

33. 埃涅阿斯是位什么样的英雄？

埃涅阿斯是希腊神话中的英雄，他是特洛伊国王的亲戚，刚开始他并没有参加特洛伊战争，直到阿喀琉斯袭击他的畜群时，他身受重伤，被太阳神阿波罗从盛怒的阿喀琉斯手下救出来。特洛伊城被攻破起火时，他带着儿子、妻子，背着双目失明的老父，集合了残存的特洛伊人，同他们乘船出航。他们先后到过色雷亚、克里特岛和西西里岛，他的父亲在流浪漂泊中死在了西西里岛。埋葬了父亲以后，埃涅阿斯又开始出海远航，途中遇到天后赫拉，赫拉嘱咐他离开迦太基，埃涅阿斯只好再次回到西西里岛。他从父亲的墓地下到地府听父亲的亡灵预言他的未来。后来他到了拉提乌姆，娶了国王的女儿拉维尼亚，建立了以她的名字命名的城市。在他还活着的时候，埃涅阿斯升天成神。他一生坎坷但又百折不挠，因此在后世的文学作品中，就用埃涅阿斯比喻经历许多艰难险阻最后得到成功的英雄。

34. 安德洛墨达为什么甘愿受死？

安德洛墨达是希腊神话中埃塞俄比亚国王的女儿，长得非常美丽。她的母亲逢人就夸自己的女儿如何如何漂亮，甚至比海中的任何一个神女都漂亮。她母亲的这些话传到海中神女的耳边。神女不禁妒火中烧，发誓要给她们母女点颜色看看。于是，海中神女请海神波塞冬派出吃人的海怪不断骚扰她们母女俩，说只有把安德洛墨达献给海怪，祸患才能平息。为了保护人民生命，换取和平安宁的生活，安德洛墨达毫不犹豫地甘愿去死。她被绑在海岸边一块突出的岩石上。就在海怪准备跃出海面,向她扑来的危急时刻,恰好被从此飞越过海的英雄珀尔修斯看到,他被安德洛墨达的美丽和高尚的品质所打动,于是挺身而出,杀死了海怪,救出了安德洛墨达。两个人最后结成了夫妻。安德洛墨达死后,变成了天上的仙女星座。

35. 为什么说奥德修是"因海而死而又非死于海"?

奥德修是希腊神话故事中的人物。在特洛伊战争结束以后,他率领船队在海上历经艰难险阻,才重返家乡伊塔刻岛,杀死了向他妻子求婚的人,开始过着安定的生活。在奥德修回乡前,有个盲人曾预言奥德修最终将因海而死,但又非死于海。这个预言最后得到了应验。原来,奥德修以前在漂泊流浪中,曾与女巫喀

奥德修之死

耳刻生了一个儿子,名叫忒勒戈诺斯。忒勒戈诺斯长大以后奉母命外出找父亲。当他来到伊塔刻岛时,奥德修手持武器攻击这个异乡青年。交战中,忒勒戈诺斯并不知道奥德修就是自己要找的父亲,奥德修也不知道和他进行生死搏斗的青年竟是自己的儿子,他们双方都把对方视为仇敌。结果,忒勒戈诺斯用有毒的鱼鳍制成的矛

刺中了奥德修,奥德修很快就受伤死了。于是,预言应验了:奥德修没有死在海里,但他的死又的确与海有关,因为长有毒刺的鱼是生活在海里的。

36. 谁是古希腊罗马神话中的海神?

读过古希腊罗马神话故事的人,可能都记得那些生活在奥林匹斯山上的诸神。他们过着神仙般的生活,不过他们和我们人类一样,都有自己的本职工作,像太阳神、月神、酒神、战神、火神、谷物女神、青春女神、智慧女神等等,都各自掌管着一方世界。你知道谁是掌管海洋的海神吗?海神是宙斯的兄弟,在希腊神话中叫波塞冬,在罗马神话中名叫尼普顿。海神住在大海深处一座镶满珊瑚、珍珠和彩贝的水晶宫里。他曾经和宙斯的儿子阿波罗联合起来反抗宙斯的专制统治,可是他们发动的洪水敌不过宙斯的雷电,最后惨遭失败。波塞冬手中的武器是三叉神戟,经常驾着金鬃马拉的车在大海上巡行。波塞冬本领高超,能兴风作浪,劈山驱石。他还非常浪漫,曾追求过农业女神得墨忒耳,女神为躲开波塞冬,变成一匹母马混在放牧的马群中,波塞冬立即变成一匹美丽的公马与她交欢,并生下一匹神马。他的子女也个个本领超常。

37. 谁是北美神话中拯救人类和动物的人?

在北美神话中,博塞安加是最聪明的人。当时,造物主把自己的肉放在海里作种子,用自己的体温来孵化它。于是,海里生出绿色的泡沫,这些泡沫后来变成了大地和天空。在大地最深的岩洞里,有了人类和各种动物的种子。它们像蛋一样,当里面的生命长大成型后就破壳出世。这样,人类以及各种各样的动物纷纷繁殖起来,在黑暗的岩洞里拥挤着、争执着。这时,最聪明的人博塞安加从海洋的最深处,来到人类和动物之间。他穿来穿去,终于找到了通往地面的路。他找到了万物之父太阳,请求太阳把人类和动物从地底下拯救出来。太阳答应了他的要求。这里的问题是,你知道博塞安加是怎样找到从海里通往地面之路的吗?如果你能找得到的话,你也就变成一个最聪明的人了。

38. 谁是希腊神话中航海者的保护神?

在很久很久以前,当时的人们还没有掌握先进的航海技术,在海上航行和捕鱼的人们,一遇到恶劣天气,常常因无法抵御狂风暴雨和巨浪的袭击而船沉人亡。因此,人们非常渴望有一位海神暗中庇护他们,使他们在航海途中一帆风顺,平平安安。于是,在希腊神话中,就产

布里托玛耳提斯跳入大海

生了一位航海者的保护神,她的名字叫布里托玛耳提斯。布里托玛耳提斯原本是一位女猎人,她本领高强,勇敢而又机智。为了躲避克里特王的无理追求,她纵身从悬崖峭壁上跳入海中,结果因被打鱼人的渔网捕获而得救。由于布里托玛耳提斯的贞洁,月神阿尔忒弥斯使她长生不老。每当有船只和人员在海上遇到危险的时候,她就赶到他们的身边,使他们化险为夷,转危为安。从此,布里托玛耳提斯就成了航海者的保护神。

39. 你知道"翠鸟双飞"的故事吗?

在海滩上或海岸上,有时你会看到长着一身翠绿色羽毛的鸟儿,它们成双成对地在水中寻找小鱼和小虾吃。这种鸟儿的尾巴较短,嘴却又长又直,叫声婉转动人,非常惹人喜爱。更有趣的是,它们无论是觅食、飞翔,还是栖息、玩耍,总是一对一对的,形影不离,这就是所谓的"翠鸟双飞"。关于翠鸟双飞,还有一段动人的传说。传说风神的女儿阿尔库俄涅和晨星之子刻宇克斯是一对恩爱夫妻,他们常常把自己美满幸福的婚姻与宙斯和赫拉的神圣婚姻相比。宙斯听了非常气愤,趁刻宇克斯出海航行时命令海神把他淹死。天后赫拉把他的尸体送到他家门前的岸边。阿尔库俄涅看到丈夫的尸体后,一下子从大堤上跳进海里。她一跳进海里立刻就长出翅膀,变成了一只翠鸟。她飞到丈夫的尸体旁,用翅膀拥抱住丈夫的身体,同时用粗硬的长嘴不停地亲吻他。她的丈夫活过来之后,也变成了一只翠鸟。他们比翼双飞,恩爱如初,每年冬季都在海上浮巢孵卵,生儿育女。每到翠鸟孵卵的季节,海上一点风浪也没有。风神把各种风都关了起来,他要保护刚出生的外孙。

40. 希腊神话中的航海者之神长得什么样?

格劳克斯是希腊神话中的航海者之神。他原来是玻俄提亚的一个渔夫,一个偶然的机会吃了仙草以后,纵身跳入茫茫大海,从此变成了一位海上的神仙。他追求神女斯库拉,遭到拒绝,就请女巫师喀耳刻从中撮合。谁知喀耳刻不但不给他帮忙,

忧愁的格劳克斯

自己却爱上了他。格劳克斯不愿和喀耳刻相爱。失去理智的喀耳刻,为了发泄自己的怨恨,就把神女斯库拉变成了一只奇丑无比的大海怪。听到这个消息后,格劳克斯非常悲痛,容颜大改,忧伤和悲愁渐渐使他变成了满脸皱纹、白发散乱的人鱼。

41. 海鹰是希腊神话中哪个神变的?

一望无际的大海上,有时你会看到一只海鹰张着巨大的翅膀,穿云破雾地翱翔在碧海蓝天之间;远处,一群海鸟见海鹰飞来,惊慌地四下散去,海鹰在后面紧追不舍。看到这样的画面,你知道其中的奥秘吗?说起来,海鹰和海鸟还和希腊神话有关呢!传说中,墨伽拉国王尼索斯是海神波塞冬的孙子。他长有一根波塞冬赠给他的

金发,这根金发维系着尼索斯的全部生命。当克里特国王米诺斯围困尼索斯的城市时,尼索斯的女儿斯库拉却爱上了米诺斯,并接受了贿赂。她趁父亲尼索斯熟睡之机,按照行贿人的吩咐剪掉了他头上那根具有神奇法力的金发,出卖了她的父亲和国家。尼索斯死后变成一只海鹰,在海天之间飞翔。米诺斯攻下城池后,并没有接受斯库拉的爱情,而是抛下她率船队离去。斯库拉为了能和米诺斯在一起,就跳进海里追赶船队,终因筋疲力尽而被海水淹死。斯库拉死后变成了一只海鸟,经常受到海鹰的追逐和捕杀,过着惶惶不可终日的日子。

42. 谁是希腊神话中的"池塘双神"?

在希腊神话里,天帝宙斯背着天后赫拉与自然女神塔利亚偷偷相爱,结果使塔利亚怀孕。由于害怕天后赫拉的迫害,塔利亚请求神让大地把她吞没,这样赫拉就无法找到她。塔利亚的产期快到时,结果竟从池塘里托出一对漂亮的小男孩帕利客兄弟,他们成了池塘双神。后来人们要申辩自己的无辜时,往往跳进这个池塘恳求双神进行判决。如果投身池塘的人说谎,他就会葬身水底;如果他是无辜的,那他就会安然无恙地浮出水面。

帕利客兄弟

43. 海老人普洛透斯有什么寓意?

希腊神话中的海老人普洛透斯,住在埃及附近的一个小岛上,给海神放牧海豹。他有着超人的本领,既能预言未来,又能变出各种形态。如果有谁抓住他,等到他恢复原形时,他将回答抓他的人所提出的各种问题,而且绝对不会出错。希腊英雄墨涅拉俄斯被逆风吹到埃及,不知道该走哪条路才能返回故乡。于是在海老人普洛透斯的女儿的帮助下,墨涅拉俄斯趁普洛透斯午睡时,一把将普洛透斯抓住。为了能问出回家的路,无论海老人普洛透斯变成狮子、巨龙,还是树木、流水,墨涅拉俄斯总是死死抓住他,一点也不松手,终于迫使普洛透斯告诉了他回乡的路。后来,人们就用"普洛透斯"表示千变万化,用"普洛透斯的形象"比喻难以捉摸。这个故事也说明了这样一个道理:任何人无论做什么事,只要持之以恒,终能取得成功和胜利。

44. 潜水鸟为什么喜欢投身大海?

对于天空中飞翔的小鸟来说,最宝贵的是它的羽毛和翅膀了,如果它的羽毛和翅膀不幸被水淋湿,就很难飞上天了。可是,大千世界,无奇不有,海上就有一种鸟,总喜欢投身大海,可就是不死。你知道这是为什么吗?据说在希腊神话里,特洛伊国的王子埃萨克斯性情孤僻,不喜欢与世人交往,总是独自住在深山老林里。有一天,埃萨克斯在水边看见了河神的美丽女儿赫斯珀里厄,立即被她的美丽所吸引并深深地爱上了她。有一次,埃萨克斯追赶赫斯珀里厄,赫斯珀里厄在逃避埃萨克斯的途中,不幸被路旁的毒蛇咬死。埃萨克斯悲痛万分，爬上悬崖，打算投身大海，以死殉情。这情景被女神看在眼里，她非常可怜他的不幸，就在埃萨克斯跳下悬崖坠向大海时，女神把他变成了一只潜水鸟。化为潜水鸟的埃萨克斯求死不得，非常愤怒，又怒气冲冲地飞向高空，再收起翅膀笔直地投向大海，但羽毛又把他轻轻地托出海面。他又愤怒地钻进海里，可就是找不到死路，不能殉情而死。这样，年复一年，潜水鸟总是不断地投入海中，一直到今天也是这样。

45. 你知道"海格立斯擎天柱"的来历吗？

据古希腊神话传说，海格立斯是一位英雄，在他受命从地中海向阴间驰去完成一项艰巨的使命时，他来到了直布罗陀海峡，这里被认为是当时世界最西边的尽头。海格立斯为了标记阴阳两界，就在直布罗陀海峡两岸的峭壁上各竖了一根擎天巨柱。古代地中海沿岸居民便把矗立在峭壁上的这两根巨柱作为支撑世界的基点，古时候的人们认为如果有人敢通过这两根巨柱继续向西进入大西洋，他就是世上最伟大的探险英雄。

46. 达达尼尔海峡原名是什么？

打开世界地图，你会发现介于欧洲和亚洲之间，有一条海峡，名叫达达尼尔海峡。达达尼尔海峡原来叫赫勒海峡，说起来还有一段美丽凄婉的传说呢。传说在古希腊时期，白云女神涅斐勒给玻俄提亚国国王生了两个孩子，儿子佛里克索斯和女儿赫勒。后来，国王又娶了伊诺做妻子，伊诺非常憎恶这两个孩子，千方百计要除掉他

们。伊诺把种子烤熟,使它们不能发芽生长,然后假装向国王说天神要把涅斐勒生的两个孩子献祭,才能免除灾

赫勒坠入达达尼尔海峡

难。涅斐勒得知这一消息后,就用乌云罩住自己的孩子,救出他们,让他们骑上宙斯赐给她的一头长着翅膀、浑身是金毛的公羊越过大海。在越过大海的时候,男孩佛里克索斯平安到达了科尔喀斯国,而女孩赫勒却因向下看大海而从羊背上摔下来,淹没在这片波涛汹涌的海峡里。于是,这片海峡就得名"赫勒海峡",也就是今天的达达尼尔海峡。

47. 摩西是怎样让红海开路的?

在《旧约·出埃及记》中记载了一则故事:摩西率领以色列人走出埃及,白天有云柱领路,晚上有火柱照明。他们身后有埃及追兵,追兵越来越近,眼看就要追上了。就在这时,在以色列人的前方又出现了红海,挡住了去路。就在这万分危急的时候,摩西举起手中的神杖向海中一伸,上帝耶和华立刻刮起强劲的东风,把海水向两旁

分开,中间凹下去露出海底,形成一条通路。这样,以色列人绝处逢生,沿着海底干地上的道路向前进。那些追兵也追入海底,但上帝却使他们车轮脱落。等到摩西率领的队伍全部走上对岸的时候,摩西转身举起神杖向海中一伸,海水立即汹涌地向中间合拢,把埃及追兵葬入海底。这种大海

摩西让红海开路

让路的现象,虽说在故事中有所夸张,但在神奇的大自然中也确实出现过这种现象,不过,这其中的道理却需要你仔细学习有关的海洋知识后才能明白。

48. 伽拉忒亚有什么象征意义?

伽拉忒亚是希腊神话中的一位海中仙女,她的皮肤光滑如锻,一头秀发就像黑色的瀑布一样垂在脑后。长相奇丑的独眼巨人波吕斐摩斯爱上了她,而伽拉忒亚却深爱河神的儿子阿喀斯。有一天,妒火中烧的波吕斐摩斯发现伽拉忒亚和阿喀斯

海的化身——伽拉忒亚

在山洞中约会,就把仇恨发泄到阿喀斯身上。波吕斐摩斯仗着自己力气大,推倒一个山头,砸死了他的情敌阿喀斯。阿喀斯身上的血化成一条河,流进了大海。痛不欲生的伽拉忒亚,立刻跳入海中与情人阿喀斯合为一体,从此永不分开。后来,人们就用"伽拉忒亚"这个名字象征平静而闪光的大海,伽拉忒亚成了大海的化身。

49. 埃及神话中的太阳神是谁创造的?

在埃及神话中,世界开始时是一片茫茫大海,海神生出了太阳神,太阳神的名字叫赖神。赖神起初是一个发光的蛋,浮在海面上,出生后就开始主宰宇宙,成为神和人的创造者。赖神有一个秘密的名字,叫"兰",这名字使他具有战胜其他一切神和人的法力。赖神首先生出风神和雨神,这两位神变成天上的两颗星,闪闪发光,称为"双子座"。赖神又生下地神和苍穹之神,然后,赖神命令天和地从那片茫茫大海中升起来,把天空、大地和海洋都放在应处的位置。接着,他就创造生物。当他向天空凝视时,他心里所想创造的东西就出现在他眼前,人类就是从他的眼睛里生出来的。赖神在人间住的时间一长,就会感到疲倦无力。于是他就向生身之父海神求援。

埃及的海神

后来,他就住在天上的太阳船里,每天出来和人们见面,过着神仙般无忧无虑的日子。

50. 你知道太阳船吗?

太阳船是埃及神话中的太阳神赖神的专用交通工具。每当大地快要进入黑夜时,赖神就乘坐太阳船进入西门(传说这里是人死后进入天堂的地方),在太阳船的前面有豺狗之神为它开路。太阳船通过冥河,来到一座高大而坚实的城墙前,赖神念出咒语,城门就被打开了,于是,太阳船载着赖神来到了城内。城内有许多妖魔鬼怪,赖神用咒语制服了他们。在经过最危险的地方时,黑夜的蛇阿培普用自己硕大的身躯盘绕住太阳船,妄想吞食赖神。结果,赖神用刀降服了他。这样,太阳船重又顺利向前航行,周围燃起金黄色的熊熊火焰,烧死了所有的恶魔。最后,太阳船进入了一条叫"神圣生命"的大蛇的尾巴中,又从它的嘴里钻了出来。这时,太阳神又获得了新生。太阳船在黎明时被海神举起来,受到苍穹女神的欢迎,并以其灿烂的光辉普照人间大地。

51. 阿拉伯神话中的海老人有什么寓意?

海老人是阿拉伯神话中的一个妖魔,他常常变成一个可怜的老人,坐在路边求人背他。航海家星巴漂流到一个花园一样美丽的小岛,看见小溪边坐着一个老人,就过去询问。这个老人就是妖魔变成的海老人。海老人见星巴问他,就打了一个手势,要星巴背他过溪。星巴见他可怜就弯下腰让他骑在背上。海老人立刻用又黑又粗的腿夹着星巴的脖子,骑坐在星巴的肩背上。星巴越背越重,终于走不动了。他想摔掉海老人,但怎么也摔不掉他,反而被他夹得更紧。从此,不论白天还是黑夜,海老人总是用腿圈着星巴的脖子,就是睡觉也不放过。怎样才能甩掉海老人呢?几天以后,星巴终于想出了办法。

海老人骑在星巴背上

他从地上捡到一个大葫芦,把葡萄汁装进去,然后放在太阳底下晒,一直晒到葫芦里的葡萄汁变成了纯酒。海老人被酒的香味所诱惑,就把装有葡萄酒的大葫芦抢过去,一饮而尽,结果醉倒在地。星巴拿起石头砸死了他,从此才得以解脱。直到这时,星巴才知道他所背着的海老人是妖魔变成的。后来,"海老人"就成了难以摆脱和纠缠不休的人的代名词。

52.《天方夜谭》是怎样讲述海神葛耐儿的故事的?

葛耐儿是阿拉伯神话中的海神。她非常向往人间的生活,于是,就从海里跑到陆地上,嫁给了波斯国王沙芝曼。有一天,葛耐儿告诉国王说她是海的女儿,想邀请她海里

海洋文化

的亲人也来皇宫游玩。国王同意了葛耐儿的请求后,葛耐儿就烧上香炉,念起了咒语。不一会,大海里的水就像开了锅一样汹涌起来,眨眼之间就从翻滚的浪花中走出一个仪态俊美的年轻人,他的身后跟着一个头发灰白的老婆婆和五个年轻美丽的女郎。他们一起飞进皇宫。国王非常高兴,举行盛大宴会欢迎葛耐儿的母亲、哥哥和姐妹们。

《天方夜谭》插图

葛耐儿的亲人们兴高采烈地在皇宫住了一个月。后来,葛耐儿生了一个可爱的小王子,她居住在海底王宫的亲人们又来祝贺。葛耐儿的哥哥非常喜爱小王子,就抱着小王子从窗口跳进大海,国王不见了小王子,非常伤心。过了不久,葛耐儿的亲人们把小王子送了回来,还在小王子的眼睛上涂了神油,使小王子能在海上行走如飞。后来,这位小王子变成了一个正义、勇敢的国王。

53. 海中神女的生活是怎样的?

海中神女是希腊神话中海神的女儿,她们个个年轻美丽,心地善良,能歌善舞。海神的女儿们住在大海深处的水晶宫里,她们用金纺车纺出精美的银线装扮自己,随着大海波浪的节拍跳着舞姿娜娜的大海圆舞曲。每当明月当空的夜晚,海神的女儿们个个梳妆打扮,就像赶赴恋人的约会一样,披上洁白的轻纱,骑上聪明伶俐的海豚劈波斩浪游到岸上,欢快地唱歌、跳舞、嬉戏,周围还围绕着保护她们的海豚。每当发现航海者遇险的时候,海神的女儿们会立刻骑着海豚闪电一般来到遇难者的身边,拯救他们。海神的女儿们无忧无虑地过着快乐幸福的生活。

海神的女儿

54. 如意珠藏在什么地方?

很久很久以前,古印度的一位国王有两个儿子,哥哥叫善友,弟弟叫恶友。善友非常同情百姓的疾苦,常把父王宝库中的金银财宝施舍给穷人。日久天长,国库逐渐空虚,善友决心自己去寻找珍宝解救世人。他听说在大海的底处有一颗如意珠,能变出人想要的任何东西。于是,善友就告别父母,开始寻找如意珠的艰苦行程。弟弟恶友也和他一起寻宝。经过几天几夜的行走,他们乘船来到了海上的一座宝山,这里遍地都是珍宝,唯独没有如意珠。于是,恶友抛下哥哥,自己装满了金银财宝驾船回去了。善友一点也不被这些珍宝所动,又继续走了49天,历尽艰难险阻,来到了壮丽辉煌的七宝城。大海里的龙女引荐他拜见了龙王,龙王钦佩善友的救世精神,就从耳朵里取出了如意珠送给善友。善友刚走出海底来到岸边,恰巧碰上了恶友。恶友见善友得到了如意珠,就想占为己有。他心生毒计,趁善友熟睡的时候,刺瞎了他的双眼,抢走了如意珠。善友从此沿途弹琴,卖艺为生。他流浪到邻国,出于生计为国王看守果园。善友的琴声打动了公主的心,他们相亲相爱后,善友告诉了公主自己的真实身份。善友带着公主返回故乡,夺回了如意珠。公主把如意珠放到善友的眼前,他的双眼立刻复明了。善友把如意珠供上香案,虔诚地做着祷告。万能的如意珠终于大显神灵,转眼间,云开雾散,万里晴空,香甜的稻米从天而降,美丽的衣服飘向人间,金银财宝洒满了大地,人们从此过上了幸福的生活。

印度公主和如意珠

55. 特里同的神奇声音是从什么地方传出的?

特里同是海神波塞冬的儿子,是一个半神半人的鱼。他和父母一起住在海底的黄金宫里。他长着人的鼻子,总是张着无法闭上的血盆大口,里面伸出两个长长的獠牙,满脑袋是海草一样的碧绿头发,耳朵旁边还像鱼一样长着两个鳃,双手的皮肤就像海边的礁石一样粗糙不平,下身拖着一条海豚似的尾巴。特里同最神奇的本领是他用海螺壳吹出来的能够传遍全世界的响亮声音。这声音有什么神奇之处呢?原来,特里同从海螺壳吹出的声音,

波塞冬与特里同雕塑

既可以使海水风平浪静,过往船只平安航行,又可以使海水波涛翻滚,弄得船毁人亡。巨灵们听到这种声音就会

远远避开,那些试图和特里同比赛的号手,一听到他的螺号声就会当场死去。后来,海边的人们为了使自己的孩子长大以后像特里同一样神通广大,总是买一只精美的螺号送给孩子。

海洋文化

海洋语言文字

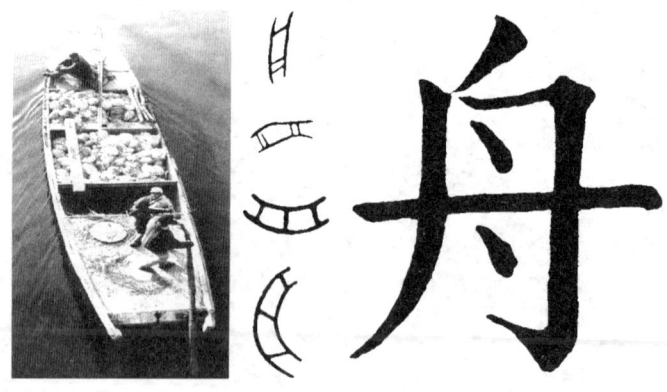

海洋文化

56. "海"字是什么意思?

在中国汉字中,有一类汉字是由三点水"氵"组成,而且大都表示和水有一定的关系,"海"字就是其中之一。"海"字是什么意思呢?你当然会说是大海的意思,但这只说对了其中的一部分。其实,"海"字还表达了古人丰富的思想和认识。大家都知道,早在人类产生之前,海就在地球上存在好多好多年了。古人创造的"海"这个字本身,十分形象地说明了海与人类存在着密切的关系。"海"字由水"氵"和鱼"每"组成,也有的人认为海字是由水"氵"、人"亠"和母"母"组成,表示海是众水之母,且根据人由鱼进化而来的说法,表示海也是人类的母亲。后来人们发现陆地上的江、河、湖水都日夜不停向东奔流,又把"海"看作是大江大河最后的归宿,以此来表示海之大。《诗经·沔水》中就说"沔彼流水,朝宗于海"。《尚书·禹贡》也说"江汉朝宗于海"。到了汉代,"百川归海"更是被广泛使用。基于这种认识,中国古人又把"海"称之为"天池"、"巨海"、"大壑"、"巨壑"、"百谷王"、"无底"等,用"海"表示"大"、

书法名家笔下的"海"字

"多"的意思,如"夸下海口"表示说大话,把大碗称作"海碗",能喝酒叫"海量",甚至表示人多也用"人海"等。由于古人常常目睹海洋朝夕涨落的变化,所以古人又把大海称为"朝夕池"。由于从大陆的河流中不断有泥沙和秽物流入海中,古人还把海叫作"晦",如东汉刘熙在《释名·释水》中就说:"海,晦也,主承秽浊,其水黑而晦也。"另外,在中国古代,也把一些大湖称作"海",如汉朝时的"北海"(今天贝加尔湖)、北京的北海公园和中南海中的"海",都是这个意思。

57. 海是怎样形成的?

据说远古的时候,宇宙混混沌沌,只是一团气,没有声音,没有光亮。就在这一片混沌之中,孕育出了人类的祖先盘古。有一天盘古突然醒来,他讨厌周围浑浊不清

盘古开天劈地

的环境,就找来一把大斧子,向四面八方猛砍。于是,这浑浊一团中轻盈清亮的东西,就上升为天,沉重浑浊的东西就下沉为地。以后,天每天升高一丈,地每天加厚一丈,盘古每天也长高一丈,这样过了十万八千年,天升得极高极高,地变得极厚极厚,盘古的身体也长得极大极长。又过了许多

海洋文化

许多年,盘古死了,可他的生命却没有消失:他吐出来的气变成了风和云,他发出的声音变成了雷霆,他的左眼变成了太阳,右眼变成了月亮,头发和胡子变成了星星。盘古的身体虽然倒下去了,可他的四肢却变成了东西南北四根擎天巨柱,他的躯干变成了五岳,肌肉变成了沃土,汗毛变成了草木,筋脉变成了道路,牙齿和骨骼变成了金属和玉石,骨髓变成了珍珠矿藏,点点滴滴的汗水变成了滋润万物的雨露,最后,盘古的血液化为流动不息的江河,日久天长,这些江河汇集东流,就形成了我们今天看到的大海。

58. 中国大陆是怎样形成的?

中国这片古老而神奇的土地是从哪里来的呢?也许你会吓一跳,中国相当大的一部分来自古老的地中海。原来,在距今2.8亿年前的二叠纪早期,西藏、云南西端直到缅甸,都处在"古特提斯洋"的范围内。古特提斯洋是指古代的地中海,这个又深又宽的大洋,留下的地质记录只有薄薄的深海软泥沉积层和海底岩浆岩。新疆、青海、甘肃南部、四川、云南西部都是古特提斯洋的边缘海,而新疆的塔里木、北方的山西、陕西、河北、辽宁、吉林、内蒙古大部分地区以及南方的四川、贵州、广西、湖南、湖北、江西、安徽、江苏、浙江的大部分地区,也有不少与古特提斯洋相连通的浅海盆地。可以说,那时古特提斯洋的海水几乎完全侵浸了今天的中国大陆。从距今2.5亿年前的二叠纪中期以后,古特提斯洋的残余海水侵浸了西藏和中国南方的大部分地区,而中国北方原来的浅海盆地则由于地壳不断震颤,时升时降,海水时进时出,最后成为沼泽、森林。植物遗体随泥沙沉埋,变成了厚厚的含煤地层,真正隆成为大陆。到了三叠纪末,残留海水退出了南方大部分地区。此时,西藏南部的印度斯河(印度河)——雅鲁藏布江一线出现了张性裂谷。它南边的"新冈瓦纳大陆"脱离欧亚大陆向南漂去,中间拉开了一个新的大洋——中特提斯洋,即中生代时代的特提斯洋。此时印度洋板块返身北上,像一只巨大的战舰,以每年约10厘米的速度冲向欧亚大陆,直指西藏,将中特提斯洋越挤越窄,最终使中特提斯洋在第三纪早期封闭消失。特提斯洋残存到新生代的部分称为"新特提斯洋",只存在于中国西部、中亚、现在的地中海、南欧等地。到了第三纪晚期,这些地区强烈褶皱隆起,海水完全退出,该区不断上升,形成世界屋脊的青藏高原,整个中国大陆就具有了今天的格局。

59. "四海"指的是什么?

常听人说,某一理论或观点正确,叫作"放之四海而皆准";互不相识的一群人聚集到一起,称他们来自五湖四海;讲义气、重感情的人,挂在嘴边的口头禅是"四海之内皆兄弟"。这里所说的"四海"指的是什么呢?难道是指四个大海吗?其实,四海所指的,古今不尽相同。古人认为,天是圆形的,地球是方形的,地球的四周被汪洋大海包围着。所以,最早所说的"四海"既指全国各处,也指世界各地,"放之四海而皆准"的"四海"指的就是这个意思。后来,人们把海作为区分陆地的疆界,这样中国四周的"海疆"也叫四海,如《尚书·禹贡》中"四海会同"中的"四海"就是指中国大地九州之外。到了《礼记·祭义》中则第一次明确提到东海、西海、南海和北海,但没明确指出四海到底是哪些海域,后人就把环绕中国四周的海笼统地称为四海,并且因时而异,说法很多。在这个意义上,古人所说的北海大体是指现在的渤海,古时的东海(至今江苏还有东海县)指的是今天的黄海,古时的南海就是今天的东海,现在的南海在汉代以后称作"涨海"。

60. 甲骨文中的哪些汉字体现了水文知识?

甲骨文是距今3000—3500年殷商时代的文字,刻在龟甲或兽骨上,是目前发现最早的成系统的文字。甲骨文有相当的象形性,有些字显示了当时人们所了解的水文知识,可以看作是中国文字中海洋文化的一部分。如甲骨文的"灾"字,有人解释说是洪水的图形,你想,洪水泛滥能不成灾吗?而"泉"字和"渊"字又都像一个大水潭。这些字都表达了人们对水的不同认识。汉字中以三点水"氵"作偏旁的字大都和水有关,如"沉"、"泠"、"渔"、"泳"、"游"、"海"、"洋"等。汉字中以"氵"作偏旁的字还有很多,它们和水有哪些关系呢?请你仔细想想。

61. 中国古代作家是如何解释海水永不枯竭的?

大海在中国古代作家心中,一直是一个神秘的地方。小河小溪,下雨则涨,逢旱则枯。为什么海水却永远既不涨也不干涸呢?对此,中国古代作家做出了种种不同的猜测、回答。一个叫庄周(公元前约369—公元前约286年)的人,在他的《庄子·秋水》中说,百川大河的水流到海里,大海之所以不满溢,是因为海水下面有一个叫尾闾的地方又把海水排走了,所以海水永远也不会满。战国时期的大诗人屈原(公元前约340—公元前约278年)也有许多问题搞不明白,就写了篇《天问》,向老天一口气提出了170多个问题,其中也提到了上面这个问题。屈原问老天说九州安放在什么上面?川谷为什么那样深?百川东流而海不满,这是什么缘故?对此,东晋时代的何承天(370—447年)解释说,这是因为虽然百川归海,但白天海水蒸发,晚上又被河水补足。唐代的大文学家柳宗元写了一篇《天对》回答了屈原当时的疑问,大意是说河水东流归大海,海水蒸腾为云向西回大陆,又降而为雨落到地上;地面土壤空隙中的水有清有浊,清的蒸发,浊的沉下,土壤饱和后又形成水流流到海里,这样循环往复,永不休止,海水也就既不会溢满也不会枯竭。

62.《说文解字》里是怎样解释"海"字的?

中国字是属于表意系统的,有的汉字在它的发展过程中,其字音、字形和字义是有一定的含义的,后来形成了专门研究汉字的科学叫文字学。东汉文字学家许慎(58—147年)撰写的《说文解字》是我国第一部系统分析字形、解释字义的字书,对研究古汉语的文字、词汇、音韵和汉语史及对后代字书、词典的编撰都产生过重要影响。那么,你知道许慎是怎样解释"海"这个字的吗?许慎在解释"海"的字义时,突出了它"纳百川"的特点,他说:"海,天池也,以纳百川者。"意思是说,大海是一座天池,是用来容纳百川的流水的。

63. 中国古人是怎样解释"鲸"字的？

在中国的汉字里，用"鱼"作偏旁再加上另外一个表示读音的字，是许多鱼名的一个构成规律。如"鲤"、"鲢"、"鲍"、"鳗"、"鲫"、"鲈"等，都是如此。把"鲸"字分解一下，你会发现它是由"鱼"和"京"两个字构成。懂得海洋鱼类知识的人都知道鲸不属于鱼类，是海栖哺乳高等脊椎动物。那么，为什么"鲸"字会加一个"鱼"作偏旁呢？这是因为鲸的体形像鱼，古人还不能科学地区分鲸和鱼有什么不同，也就一直把鲸当作鱼来看待。如《尔雅·翼》中载："鲸，海中大鱼也。"《古今注》也说："鲸鱼者，海鱼也。"《古今图书集成》上

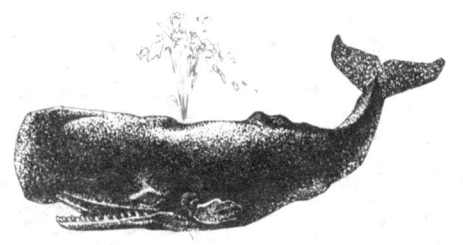

鲸鱼图

把鲸放在鱼部的首位记述。这样一来，鲸就一直被叫作鲸鱼，所以用"鱼"旁。那么，"京"字是什么意思呢？《尔雅·翼》记述："鲸从京，京大也亦。"就是说鲸取源于"京"，是因为"京"含有大的意思。德语是将鲸叫巨大的鱼，荷兰语、挪威语中"鲸鱼"都与现代英语中的"车轮"之字有相似之处，据分析，这是根据鲸出水换气时弓背的状态和车轮相似而产生的。

64. 有哪些中国古代文学作品是描写鲸的？

中国古人对鲸很早就有了具体的认识，而且在许多作品中对鲸有所描写。如晋时木华所写的《海赋》中说：

"鲸突兀孤游,口翕波则洪涟,吹落则百川倒流。巨鳞刺云,洪须插天,头颅成岳,流膏成渊。"《春秋后语》也说:"鲸鱼朝发于昆仑之墟,暮宿于孟津。"意思是说鲸在海中漫游时,搅得海水波涛翻腾,当它激起大浪时河水就像倒流一样;它可以日行千里,早晨从昆仑山出发,晚上就来到了孟津这样远的地方。在日常生活中,人们用"鲸吞"形容侵略兼并行为,"小则鼠窃狗偷,大则鲸吞虎据"。用"鲸吸"来形容饮酒,苏东坡诗中说:"指呼索酒类,快作长鲸吸。"用"长鲸白齿"比喻过去的谗口,李白诗中有"鲸音送残照,敲落楚天扇"等。明代屈大均所著《广东新语》则记载了捕鲸的活动。当时的捕鲸是"以长绳系枪飞刺之","取其脂,货至万钱"。在河南安阳废墟中,哈尔滨、上海、天津、舟山群岛等地先后发现了鲸的化石,说明中国的祖先早在几千年前就能捕获和利用鲸鱼了。

65. "海错"是什么意思?

汉语中用"海"组成的词语很多,比如"海洋"、"海浪"、"海涛"、"海风"、"海鱼"、"海燕"等等,从字面上一般能理解出它们的含意。可是,有一个词如果你也这样望文生义去理解的话,就会闹笑话。这就是"海错"。难道它是大海犯了错误的意思吗?其实,这里的"错"并不是错误的意思,而是指参差、错杂。汉语中的"海错"是指海洋生物种类繁多、海类错杂。《禹贡》中就有"海物维错"的说法。后来,人们就把各种海产品统称为"海错"。

66. "宝贝"是什么意思?

"宝贝"是南海贝类中最有经济价值和观赏价值的贝

类,是中国最早的货币。它十分漂亮,外形光泽圆润,外壳色彩艳丽,是具有较多装饰性和观赏价值的海生动物。宝贝过着爬行生活,一般昼休夜行,白天躲在珊瑚礁石下面,黄昏时才将自己的头部和足部从壳体中伸出来,沿海爬行寻觅可以充饥的食物,直至黎明前。《草木原始》中说它"大小如拇指,顶色微白,亦有深紫者,上古珍文以为宝货"。至今汉字钱物多与"贝"字有关。

67. "海涵"是什么意思?

在日常生活中,如果双方无意中产生误解或矛盾,给对方造成损失或伤害,犯了错的一方醒悟后会请正确的一方"海涵"。"海涵"是什么意思吗?"涵"是包涵、包容的意思。"海涵"是一种比喻的方法,意思是(正确的一方)要像大海那样包容、原谅犯了错误的一方,同时也是道歉者赞美对方有海一样的宽宏大量的胸怀。久而久之,"海涵"就成了人们赔礼道歉时的常用语。

68. "海市"是什么意思?

大家知道,为了购买某一特定商品,人们常常去专门卖这种商品的商店或市场,比如买菜去的地方叫菜市,买生活用品的地方叫超市。那么"海市"是不是就是专门买卖海产品的市场呢。如果你真是这样理解的话,那可就大错特错了。传说中有一种叫"蜃"的海洋动物,辞书上说它是一只巨大无比的蛤蜊,也有的古书上说它是属于蛇、蛟一类的动物。它在大海上呼吸时,大口大口吐出的气连成一体,堆积成亭台楼阁的样子,人们就把这种景象叫作"海市"。其实,"海市"是太阳光经不同密度的空气层发生折射,把地面的景物显示在海面上空的幻景,大多呈现出楼台城郭、人物车马、花木山石等奇形异状,色彩绚丽,给人以极大的神秘感。中国山东半岛的蓬莱是观赏"海市"最具代表性的地方,北宋大诗人苏东坡曾游览此地写下了《登州海市》的名作。另外,江苏连云港的海州湾、浙江东海的普陀山等地,也是"海市"常出现的地方。如果你去这些地方游玩,没准真会有幸看到海市奇观呢?

69. 中国哪部古代典籍最早出现"南极"一词?

"南极"一词,最早见于《山海经》:"处南极以出入风","应龙处南极"。上古人以为大地方形,大地四边为四极。此《山海经》中"南极"就是大地的南极,但未确指

南极冰山与企鹅

是什么地方。《山海经》还记载有"离耳国"、"灌水国"等,晋代郭璞注离耳国"在朱崖海中",即今海南岛无疑。《庄子·逍遥游》有"鹏之徙于南冥也","南冥"就是现在的海

海洋文化

南岛。由此可知,上古时内陆与海南岛已有往来。传说海南岛刻有"南天一柱"的巨石,就是《山海经》中的水神怒触不周山断落的那半截山。看来,《山海经》中的"南极"大概是指海南岛了。

70. 汉语中有哪些著名的海洋成语?

汉语成语是中华民族语言的精华,它言简意赅,声韵优美,风格独特,蕴含着丰富的历史文化知识。在浩如烟海的汉语成语中,其中有一类是以大海作比或直接歌咏大海的。如表示时间的"海枯石烂",表示空间的"五洲四海"、"海外扶余"、"海阔天空"、"山南海北"、"海角天涯"、"弱水之隔"、"远隔重洋"、"五湖四海";描绘景色的"江汉朝宗"、"汪洋大海"、"东洋大海"、"朝夕之池"、"一片汪洋"、"白浪滔天"、"怒涛汹涌"、"碧海青天"、"波平如镜"、"一碧万顷"、"天光云影"、"云水苍茫"、"蓬莱仙境"、"春光如海",描写动植物的"鸢飞鱼跃"、"瀛洲玉雨",比喻钱财的"铸山煮海"、"鱼大水小",政治方面的"珊瑚在网"、"急流勇退"、"囊括四海"、"海晏河清"、"网漏吞舟"、"白龙鱼服"、"独占鳌头"、"暴腮龙门"、"龙门点额"、"侯门如海",表示兴盛衰败的"四海升平"、"海不扬波"、"四海承风"、"百川归海"、"众川赴海"、"流水朝宗"、"水广鱼游"、"沧海遗珠"、"四海鼎沸"、"四海扬波"、"海水群飞"、"沧海横流"、"虾荒蟹乱"、"洪水横流"、"鱼烂而土",表示征战的"鲸吞蚕食"、"鲸吞虎踞",表示胜败的"白鱼入舟"、"鱼溃鸟散"、"血海尸山",属于文化范围的"四海之内皆兄弟"、"浩如烟海"、"文江学海"、"洋洋洒洒"、"探骊得珠"、"海立云垂"、"汪洋浩瀚"、"一波三折"、"苏海韩潮"、"群鸿戏海"、"画山掀壁"、"老鱼跳波"、"游鱼出听",写人群的"人如潮涌"、"人山人海"、"挨山塞海",写感情离合的"水阔山高"、"黄耳传书"、"鱼传尺素"、"雁杳鱼沉"、"海誓山盟"、"盟山誓海"、"情天孽海"、"醋海翻波"、"鱼水和谐"、"比目相连",有形容反面人物的"江洋大盗"、"漏网之鱼"、"瓮中之鳖"、"釜底游鱼"、"虾兵蟹将"、"龟背鸡胸",写人品的"宽宏海量"、"量如江海"等,"比喻人物的"义海恩山"、

年画"年年有余"　　　"长宜子孙"印章

"巨鳌戴山"、"血海深仇"等,表示势力、欺诈的"移山填海"、"大鱼吃小鱼"、"兴风作浪"、"推波助澜"、"推涛作浪"、"随风转舵"、"见风使舵"、"稳坐钓鱼船"、"乘风破浪",表示机变、笨拙的"顺水推舟"、"移船就岸"、"海底捞月"、"大海捞针"、"入海算沙"、"指天射鱼",表示旅行的"乘桴浮海"、"梯山航海"、"栈山航海"、"漂洋过海",表示年龄的"福山寿海"、"海屋添寿"、"麻姑献寿",表示境遇的"海阔从鱼跃"、"天高任鸟飞"、"苦海无边"、"苦海茫茫"、"断港绝潢"、"火海刀山"等,此外像"八仙过海"、"沧海一粟"、"泥牛入海"、"河落海干"、"鸿毳沉舟"、"学海无涯"、"积水为海"等等,都属于海洋成语。

71. "海枯石烂"的含义是什么？

大海会枯竭吗？坚石会烂掉吗？现代科学证实，海可枯，石可烂。世界上没有永远不变的事物。但是，人生不过百年，谁也不可能在有生之年，亲眼看到面前的大海"枯"成一片光泥，谁也不能看见巍巍高山"烂"成一堆沙土。山海变化的漫长，与人生的短暂易逝对比，真是太悬殊了！因此，在人们心中，山与海，石与海，仍是世界上永恒不变的东西。所以古人在比喻决心的坚定和感情尤其是爱情的专一时，往往拿高山、岩石、大海作参照物，对山、海、坚石发盟立誓。"海枯石烂"就是取时间久长、永远不变之义，多用于男女盟誓之词，表示忠于爱情，意志坚定，永不变心。

72. "海纳百川"这句成语包含哪些道理？

古人认为海是因为不拒绝涓涓细流，才成为无边无际、烟波浩渺的大海。因此，人们用"海纳百川"来形容大海。它可以喻指一个人胸怀博大，能容万物，处事宽宏大度，人们常说的"要有海一样的胸怀"就是这个意思。它

美丽的海岸风光

也可以喻指一个人,特别是领导者要有谦虚的品格,要勇于处于低的位置,才能使众水流入自己的怀抱。它还有珍惜人才、广纳贤良的含义,无论巨川还是细流,兼收并蓄,这样才能人才济济,兴旺发达。这句成语还启示我们在学习方面要积少成多,才能知识渊博,学有所成。

73. "沧海横流"有什么深刻寓意?

1963年元旦,大诗人郭沫若写了首《满江红》词呈送给毛泽东主席。词的开头两句便是"沧海横流,方显出英雄本色"。"沧海横流"有什么深刻寓意呢?这句海洋成语意思是海水四处奔流,或指大陆洪水到处泛滥,用以比喻天下大乱,到处动荡不安。晋朝范宁在他作的《春秋谷梁传序》中说,春秋末年礼崩乐坏,王道尽衰,孙子睹沧海之横流而喟然长叹说:"周文王既然不存在了,那么仁义道德文章又在哪里呢?"《晋书》还记载了一个叫王尼的人,特别有意思。王尼生于战乱年代,到处避乱。他媳妇早死,只有一个儿子。父子俩没房子住,只有一头牛和一辆车。逃难时,白天儿子就赶着车到处躲,晚上父子俩就住在车上。王尼因此常常叹息说:"沧海横流,处处不安也。"南宋大诗人陆游在《秦皇酒翁下垂钓偶赋》诗也写有"沧海横流何日定,古人复起欲谁归"这样的诗句。1918年,毛泽东在《七古·送纵宇一郎东行》诗中用"沧海横流安足虑,世事纷纭从君理"这样豪迈万千的诗句,表示了诗人治世济民的雄心壮志。与"沧海横流"意思相反的成语则有"海不波溢"、"海不扬波"、"河清海晏"等。

74. 你知道"曾经沧海"这句话的来历吗?

这句名言最早出于《孟子·尽心上》:"孔子登东山而

小鲁,登泰山而小天下。故观于海者难为水,游于圣人之门者难为言。"意思是说,孔老夫子登上东山,便觉得鲁国小了;登上了(比东山高的)泰山,便觉得天下小了。所以,一个人观看了大海之后,别的水就都没看头了;一个人到圣门里求经学道后,对别家的言论也就感到没有吸引力了。孟子是把孔子创立的儒家学说比作"大海",除此之外的各家学说都不过是小水而已,是不值一说的。那么,又是谁把"观于海者难为水"改成"曾经沧海难为水"的呢?这要归功于唐代和白居易齐名的诗人元稹,他在《离思五首》中写了"曾经沧海难为水,除却巫山不是云"的名句。后来人们把这句诗概括成"曾经沧海"收入辞书。辞书对它的解释是:比喻经历过大的场面,眼界开阔,不把平常的事物放在眼里。

75. "河伯观海"是怎么一回事?

战国时期,有一个叫庄周(公元前约369—公元前约286年)的人,他既是哲学家,又是散文家,曾写下了一部词采瑰丽、想象奇特的书,叫《庄子》。这里面有一篇叫《秋水》的寓言,讲了一个河伯观海的故事。河伯是黄河之神。有一年秋天,许许多多的大川小河都按时齐注入了黄河。黄河开始涨水,原来很窄的河面,一下子变得宽阔起来。日夜东流的黄河水,浊浪滔滔,水汽翻腾。于是,河伯开始得意起来,认为天下的美景都集中在这里。一天,他忽然心血来潮,打算去别处走一走,顺便炫耀一下自己。去哪里呢?向西要逆水而行,河伯才不愿费这个力气呢,干脆,顺流东下吧,又快又好还不费劲。于是,河伯就懒洋洋地浮在黄河的水面上。他怕晒,把身子埋到水里，水面上只露出个小脑袋，脸向着东方，眯着两眼看着两岸的美景，一路顺水漂下，一直来到北海。河伯睁开双眼一看，只见海水浩浩荡荡，四面八方都看不到尽

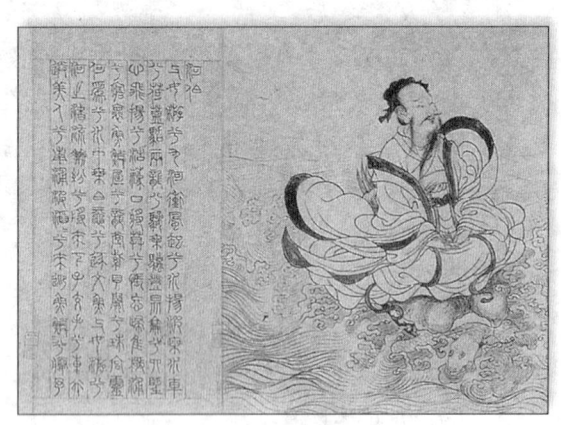

河伯见海神

头。见此情景，河伯感到自己和大海相比，真是既渺小又自大，心里非常惭愧。不过河伯是一个有勇气承认自己不足的人。河伯仰着头，谦逊地对一个叫海若的海神说："人们常说的那种自认为没有人比得上自己的人，说的就是我呀。我真该感谢大海对我的教育。"从此，回到黄河后，河伯总是谦虚地对待自己和别人，时时改进自己的不足，受到了人们的尊敬。

76. "沧海桑田"有什么典故？

"沧海"是大海的意思，因海水呈青色而得名，古人有时也以"沧海"专指东海。"桑田"，就是植桑的土地，泛指农田和陆地。沧海变桑田，桑田变沧海，常用来喻指世事变化很大，有时也指这种变化尽管极长，给人的感觉却很

海洋文化

快。"沧海桑田"这个海洋成语的典故是怎么来的呢？这里边有一个美丽的神话传说。晋代有个叫葛洪的人写了一部书叫《神仙传》，其中的"王远篇"中说，一个叫王远字方平的人，是东汉桓帝时期住在东海的一位仙人。有一次，他降临到一个叫蔡经的人家里，召年轻美貌的女仙人麻姑前来会面。麻姑来到东阳蔡经家，说自从和蔡经（王远变成的人）相识交往以来，自己曾经三次看见东海变为桑田。前不久她又去了蓬莱仙岛，见海水比以往更浅，大海也许还要变成平地。蔡经笑着回答说："圣人也都说大海将干涸成陆地。"蔡经一边说，一边盯着麻姑的手指，觉得麻姑的手指像鸟爪一样纤细，心想背痒时用这爪搔痒一定很舒服。不料他的心思被麻姑识破，麻姑大怒，立刻让他扑地而死。"沧海桑田"即由此而来，并且还用来比喻人世间的巨大变化及时光的流逝。许多诗人在诗中运用了这个典故，比如唐代诗人白居易在《浪淘沙》中有："白浪茫茫与海连，平沙浩浩四无边。暮去朝来淘不住，遂令东海变桑田。"同是唐朝诗人李商隐也曾写道："从来系日乏长绳，水去云回恨不胜。欲就麻姑买沧海，一杯春露冷如冰。"至于毛泽东的"天若有情天亦老，人间正道是沧桑"更是家喻户晓的名句。

77．"海誓山盟"为什么多用于表示爱情的场合？

西汉时期，有一首非常有名的乐府诗歌，题目叫《上邪》，意思是"天哪！"是什么事让人发出这样大的感慨呢？原来，这是一个女子对自己所钟爱的男子表示忠贞时的誓言。她是怎样表示自己的爱情誓言的呢？她说："上邪！我欲与君相知,长命无绝衰。山无陵,江水为竭,冬雷震震,夏雨雪,天地合,乃敢与君绝!"在这里,这个女子一连打了五个比方来形容自己的决心:到了高山石烂夷为平地,大江大河的水完全枯竭,寒冷的冬天响起春雷声,骄阳如火的夏天飘起鹅毛大雪,天与地合在一块,只有出现这五种情况,我才敢同你断绝恩爱之情。否则,就永远不会改变我对你的爱。你看,这个女子用高山、江河、天地、雷、雪等不可能出现的事实来表示自己的决心。后人就用"海誓山盟"来概括它,意思是指山指海起誓,对山对海立盟,取其长久,永远不变的含义,多用于青年男女之间互相表露心迹,订立婚约,彼此忠贞不渝、至死不变的情爱场合。

78. "海市蜃楼"有什么深刻寓意?

大家知道,人们把大气因光线折射而形成的反映地面物体的形象,称作"海市",古代也叫"蜃气",传说是由蜃吐气而成。明代大医学家李时珍在《本草纲目·鳞部一》中曾对蜃吐气作过精彩的描述:"蛟之属有蜃,状似蛇而大,有角,能呼气成楼台城郭之状,将见即见,名'蜃楼'亦曰'海市'。"久而久之,就形成了极富海洋特色的成语"海市蜃楼",比喻那些虽然美好,但却虚幻、一闪而过、不可能成为现实的事物。你也许会问,这又是为什么呢?原来,在中国古代,科学不发达,航海技术落后,人们对茫茫的大海充满种种神奇怪诞的想象。比如,想象那极远极远的海上有叫蓬莱、方丈和瀛洲的三座神山,山上堆满了奇珍异宝,亭台楼阁都是金堆银砌,有仙鸟仙兽、仙草仙花仙药,仙人们聚集此地,长生不老,快乐无比。于是人们推测那难得一见的海市蜃楼就是海上仙境的偶然显露。它既引起追求长生不死的帝王的垂涎,又使方术之士对它苦苦寻觅,更让平民百姓流连惊叹,可它又总是虚无缥缈,一闪即逝,可望而不可及。

79. 人们从"海市蜃楼"中悟出了哪些深刻的哲理?

在中国古代的文学作品中,对于海市蜃楼这一现象,有过许多生动形象的描绘,既写出了它的短暂性,也写出它的虚幻性,并且从中悟出了许多深刻的世事哲理。北宋苏东坡就从海市蜃楼的虚幻、变化快的特性,感叹自己仕途的渺茫和身世的浮沉,并在《登州海市》中表达了自己的判断:"荡摇浮世生万象,岂有贝阙藏珠宫?""新诗绮语亦安用,相与变灭随东风。"明代徐应元把海市比喻成世间浮名,不可长久:"幻影与浮名,总之任短修。"明朝文学家王世贞观海市蜃楼后,想到狂人得名不会长久:"由来海市惟看影,恰似狂人枉得名!"有的人把一时"得宠之人"比喻成暂时出现的海市。最有趣的是清朝诗人施闰章,他看海市中的仙人自由飞翔,快乐无比,顿时觉得离海上仙境就差一步了。他正看得神摇目眩,心驰神往,突然一阵轻风把海上的云雾吹散,海市蜃楼随之无影无踪,于是,他觉得像海市蜃楼这样的"快意之事"是不能长久不变的,由此,他在《观海市》诗的末尾,特意反复抒发自己的感叹:"人间快事安如此,浮云长据胡为乎?噫嘻!浮云长据胡为乎?!"当然,我们在看到海市蜃楼时,只当它是一种人间罕见的美景就够了,用不着由此就去认为

"由来世界都成幻"了,那多没意思呀。

80. 你知道"沧海遗珠"的典故吗?

"沧海遗珠"这句成语的意思是说,在茫茫大海中,采珠者偏偏漏掉了一颗最大最圆最好的珍珠,比喻被埋没、被遗忘的宝贵人才,并隐含惋惜的意思。那么,你知道"沧海遗珠"这个典故的来历吗? 说来这中间还有一段故事呢。唐朝,有个文武双全的人叫狄仁杰,他考中了明经科,调任汴州参军。可是他因为才华出众,受到了别的官员的嫉妒和诬告。后来,担任朝廷黜陟使的阎立本召见他时,惊异地发现他很有才能,于是对他讲了这么一句话:"仲尼称观过知仁,君可谓沧海遗珠矣。"接着就荐授他任并州法曹参军,狄仁杰后来成了大唐的重臣、名臣,辅佐朝廷治国安邦,政绩卓著。事实证明,阎立本可谓慧眼识珠。如果阎立本不亲自考察一下受人诬告的狄仁杰并荐授他职,狄仁杰这颗人才"大海"中的"珍珠"也许就会因受诬告永远被埋没下去。三国时的曹植在《赠丁翼》中有"大国多良材,碧海出明珠"诗,也和这句成语的意思相仿。

81. 你知道"珠还合浦"的故事吗?

"珠还合浦"这句成语讲的是大海中迁到别处的珍珠又回到原来的地方的故事,又称"合浦还珠"、"合浦珠还"。这则典故最早见于《后汉书·孟尝传》。讲的是在汉朝时候,广西沿海一带曾设"合浦郡"。合浦盛产珍珠,当地人就靠采集珍珠为生。可是,这里的地方官心贪手黑,逼迫珠民无休止地滥采珍珠,结果海里的珍珠为逃避

海洋文化

厄运都迁到与"合浦郡"相邻的"交趾郡"去了。合浦无珠可采,出现了穷人饿死道上的惨象。后来朝廷新派了一个叫孟尝的人到合浦郡当太守。孟尝到任后肃贪倡廉,访贫问苦,不几年,迁走的珍珠又回到了合浦。因此"珠还合浦"常比喻人去而复得或物失而复得,有时也称颂地方官的廉政美德。唐朝诗人邓涉曾以"珠还合浦"写了一首诗,"昔逐诸侯去,今随太守还;影摇波里日,光动水中山",说的就是这件事。明朝大作家施耐庵著的《水浒传》第二十九回写武松醉打蒋门神,帮施恩收回快活林酒店,它的开首诗中就有这样两句:"顷刻赵城应返璧,逡巡合浦便还珠。"1997年7月1日,香港回归中国,以这个成语作比喻的诗词楹联非常多,如"珠还合浦,金瓯渐补百年缺;龙蟠香江,玉局新开两制天"、"合浦珠还,人文鼎盛;香江水暖,经济腾飞"和"时清珠还浦,春暖燕归巢"等。

82. "浩如烟海"出自何处?

一般认为,"浩如烟海"最早出自北宋大历史学家司马光呈宋神宗的《进〈资治通鉴〉表》。《资治通鉴》是我国第一部编年体通史,共294卷,记载从公元前403—公元959年1300多年的历史事件。司马光在《表》中说为写这部书,"遍阅旧史,旁采小说,简牍盈积,浩如烟海",以此来形容他所查阅的文献典籍不可计数,就像烟雾弥漫的大海一样。为什么要用"烟海"比喻书籍的浩繁众多呢?这要从"烟"字说起。"烟"是物品燃烧时产生的气体,而弥漫在空中的水汽,也像烟那样飘荡蒸腾,所以古人作诗文也称水汽为"烟"。"烟"与"水"有许多生动形象的词语,如"烟波"、"烟水"、"烟雨"、"烟雾"、"烟云"等。"烟海"就它的直观形象来说,就是烟雾迷茫的大海。司马光是个学识渊博、学风严谨的史学家和文字家,最初用"浩如烟海"是沿袭了先秦汉魏典籍中"烟海"、"烟云"的用法来形容书籍文献之多。从此"浩如烟海"就专指文化典籍、思想、学问、学术的深邃众多。

83. "海角天涯"在什么地方?

"海角天涯"是一句成语,"海角"是指沿海那些人迹罕至的地方,"天涯"是指天边,主要突出极其偏僻遥远的含义。在我国海南岛最南端的海岸,有几块兀立耸天的巨石,上面分刻"海角""天涯"四字。北宋大诗人苏东坡曾被贬到海南,传说这四字出自苏东坡手笔。20世纪60年代初,大诗人郭沫若来海南,对"海角""天涯"四字考察,认为是清人所写。这一下又使他诗兴大发,写"游天涯海角"三首镌刻于巨石之上,其中的"海角尚非尖,天涯更有天"被人传诵一时。其实,中国地域辽阔,古人认为海之角天之涯的地方也不止海南岛一处。《骈字类编》转引宋朝张世南写的《游宦纪闻》载:"今之远宦及远服贾者,皆云天涯海角,盖言远也。有天涯地角石。钦州有天涯亭,廉州有海角亭。"古钦州和廉州都在现在的广西,濒临北部湾。古人在此建亭以志"海角""天涯"。秦始皇巡游至山东半岛最东端的成山,随行的丞相李斯写下"天尽头"三个篆字,可见古人认为东方深入黄海的成山头是"海角天涯",只不过它没有今天的海南岛名气大罢了。

84. 中国哪些诗中出现过"天涯海角"这个成语?

"海角天涯"或"天涯海角"是当今人们熟悉并广泛应用的一个成语。它在诗文中的应用,一般认为较早出现在唐诗之中。唐代诗人白居易在《春生》诗中说:"春生何处暗周游,海角天涯遍始休。"吕岩的《绝句》中有:"天涯海角人求我,行到天涯不见人。"南宋著名女词人李清照,写的《清平乐·咏梅》词中说:"今年海角天涯,萧萧两鬓生华。"何梦桂的《沁园春·和何逢原见寿》中说:"浮生事,算天涯海角,谁是闲人。"刘辰翁的《夜飞鹊·七夕》也说:"谁寄扬州破镜,遍海角天涯,空待人归。"在明清诗文小说中,这个成语更是多有应用。

85. "海角天涯"是什么意思?

在古籍中,"海角天涯"这个成语与"天涯海角"、"天涯地角"交替使用,"天涯地角"甚至比"天涯海角"出现得要早,运用频率也高一些。而在现当代的诗文中,则多用"海角天涯"或"天涯海角"而少用"天涯地角"了。这是为什么呢?其实,"海角"与"地角"的含意是一样的。古人认为地是方的,它的"角"即地的尖端,是最远的地方。那么,"海角"又该怎么解释呢?难道海水也会有"角"吗?这要从两方面解释。

"天涯海角"瓦当印

一是"海"可以与"地"同义,如"四海无闲田,农夫犹饿死","四海"就是指四方的土地,这里"海角"即"地角"。另一种理解,"海角"是大海极远的边缘,与"天涯"相配使用,使这句成语更加浪漫,更具文采,受到人们的青睐。人们用"海角天涯"表现极其偏僻、遥远的意思。

86. "以蠡测海"是什么意思?

汉朝汉武帝时候,有个知识广博的人叫东方朔。他能言善辩,滑稽多智,行为狂放,许多常人解决不了的问题,他都能想出办法。皇帝周围有些自以为博学多才的人,为了在皇帝面前显示自己,就联合起来向东方朔发难。东方朔连续打了三个比方"以管窥天,以蠡测海,以莛撞钟"来指出这些人的浅陋无知。"以蠡测海"是什么意思呢?"蠡"指瓠瓢或贝壳,意思是用小小的瓠瓢或贝壳去量海水有多少,比喻自不量力,目光狭窄,愚蠢至极。晋朝人潘兵《沧海赋》有"测之莫量其深,望之不见其广"的句子,把"海深"与测量相联系,"以蠡测海"又简说成"蠡测"。唐代李商隐《咏怀寄秘书阁旧僚》诗有"典籍将蠡测,文章若管窥"的诗句,正是化用了东方朔的话语。有趣的是,"以蠡测海"多为贬义,可是却有许多人将"蠡"作为自己的书名,如明朝王逵写的杂书《蠡海集》、清代邓传安写的记载台湾山川地理、少数民族生活习俗等内容的《蠡测汇钞》、清朝人凌杨藻写的丛书《蠡勺编》等。这是为什么呢?原来,这是作者的自谦之词,意思是说人们面对的社会内容犹如大海般丰富,作者只能涉猎其表面的一滴水,如同以蠡测海。

87. "鲤鱼跳龙门"是怎么一回事?

传说中国古时候,有一个叫大禹的治水英雄。当时,

海洋文化

他为了治理好黄河,给人民造福,就从青海积石山开始疏导黄河。据说,当时龙门山与吕山相接,挡住了黄河去路,使黄河水倒流而泛滥成灾。大禹治理黄河来到此处,就用神力把龙门山劈为两半,让河水从峭壁间流过,这就是龙门。龙门往下几百里就是著名的三峡。后来,大江大海中的大鲤鱼,在每年三月都会来到这里,然后用全身力气,狠命一跃,跳过龙门的鲤鱼就一举成龙,跃不过去的就仍然是鱼,这就是"鲤鱼跳龙门"的故事。再后来,这句话成为吉祥用语,并用来比喻得到名人的援引而增长声誉。在科举时代,称会试得中为登龙门。中国汉代著名的大历史学家、文学家、《史记》的作者司马迁就是在龙门出生的。

鲤鱼跳龙门

88. "海屋添筹"是怎么一回事?

《东坡志林》第二卷曾讲了这样一个故事,有三位老人遇到一起,互相问起年龄。一位老人说:我已经不记得自己的年龄了,只记得我年轻时曾与盘古有过交情。另一个则说:在海水变桑田的时候,我曾下了筹(古代用来计数的一种用竹、木或象牙制成的小棍儿或小片儿),最近我的筹堆满了十间大屋子。后来,"海屋添筹"就用来表示祝寿之词。清代乾嘉时期浙江秀水人胡重写过一折清杂剧。讲的是护法神韦驮奉无量寿佛的命令去游南海。南海龙王听说了这件事后,就邀集东海龙王、西海龙王和北海龙王一起在南海恭候。不久,在众天使的簇拥下,韦驮到了南海。这时,他们看到下界文士正在为一老夫人祝贺八旬大寿,便也仿效添筹之祝。水卒们持三筹来到龙王们面前。只见东海龙王拿起一筹掷入海屋,以为福兆;西海龙王也掷海屋一筹,以为禄兆;北海龙王又掷海屋一筹,以为寿兆。三筹刚刚掷完,福禄寿三星立刻高高齐现于天,众神仙见此,齐祝太夫人福如东海,寿比南山。

89. 你知道《山海经》吗?

大家都知道夸父逐日和精卫填海这两个神话故事,你知道这两个神话故事最早出自哪部书吗?这就是《山海经》,它是古代以"山"、"海"为纲,广泛辑录中国各地山川、物产、风俗、民族神话和美术等的资料汇编,有18卷39篇,约31000字,作者已无法找到,成书于战国至西汉前期,后于西汉末年由刘歆编定。"经"不是经典的意思,是经历的意思,"山海经"就是经历过的山山水水的意思。第一部

《山海经》封面

分是《山经》,是中国第一部山岳地理书籍;第二部分是

《海经》,包括"海外四经"、"海内四经"、"大荒五经"。

90. 《山海经》中的"海"和"经"是什么意思?

《山海经》分为山经和海经两大部分。"山"字好理解,就是大山,那么"海"和"经"字到底是什么意思呢?《山海经》的研究专家袁珂先生认为,这个"海"指的是《尔雅·释地》中"九夷、八狄、七戎、六蛮,谓之四海"之"海"字,即指华夏范围以外的地区,较近者为"海内",较远者为"海外",不仅指大海大洋,也指湖泊,或者泛指有水的地方或某个地理面积比较大的地理区域;"经"字不是指"经典",而是指"经历",《山海经》这部书名的意思就是"经历过的山山水水"。《山海经·海外东经》中写道,帝禹测绘工程师竖亥测量中国地理,竖亥一手计算,一手指向测量标志点或被测地形物,从东极到西极,一共是五亿零十万九千八百步。据说竖亥等人实地勘测山川形貌之后,绘制了《山海图》,并撰写了地理考察报告《五藏山经》。相传《山海图》被帝禹铸在了九鼎之上,战国后期九鼎失踪,从此,就再也没有人说得清《山海图》是什么样子了。

91. 中国最早使用的钱来自哪里?

你知道中国最早使用的钱是从哪里来的吗?古时候,并没有银行,也没有造币的工厂,古人是直接从现实生活中选择一种物质来充当货币,也就是钱的。这种物质就是海贝。今天来看,海贝并没有什么可珍贵的,但在秦朝以前,贝却是一宝,可用作货币,至今人们还把珍贵的东西称作"宝贝"。中国古时候的人们,既用采食的贝类充饥食用,又用贝壳来交换别的物品,把贝壳当钱使用。因为贝壳不易腐烂,携带又很方便,于是贝就充当了中国人最早的货币。"贝"字在甲骨文和金文中就像左右相连的两扇贝壳,直到小篆和楷书才发生了变化,成了今天这个样子。由于"贝"字最初表示货币即钱,所以,以"贝"作偏旁的汉字,差不多都和钱财物品的价值和交易有关。如"财"、"货"、

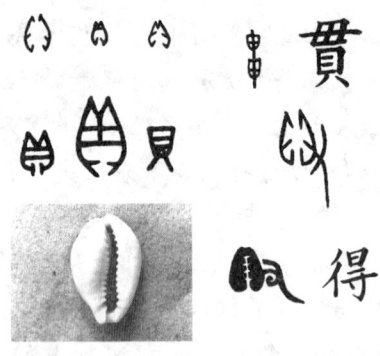

"赔"、"赚"、"贵"、"贱"、"买"、"卖"、"贿"、"赂"、"贩"、"贯"、"贸"、"贷"、"赃"、"赁"、"赈"、"资"、"赋"、"赍"、"赡"、"败"等,这是中国汉文化中最突出的海洋文化特征。考古学家还在中国沿海一带发掘出许多用贝壳堆成的"长堤"或"小山包",叫"贝堤"或"贝丘",经鉴定,时间都在5000年以上。这是生活在沿海的中国先民们留下的遗迹,考古学家称之为"贝丘遗址",把这时的文化也称作"贝丘文化",是中国最早的海洋文化。

92. "放长线钓大鱼"的本意是什么?

喜欢钓鱼的人,都知道"放长线钓大鱼"这句话,在日常生活中,它还常被用来比喻说话办事不能只顾眼前的小事情、小利益,而应该有长远的目光和谋略。久而久之,人们反倒弄不清这句话的本意是什么了。当然,这句

海洋文化

话的本意与钓鱼有密切关系。生活在海边的人钓鱼,有好多种方法。有的人钓鱼时,随便找一段线,放好鱼饵,抛下海里。渔民们把这种钓鱼手段叫作"手把钩"。它的好处是非常方便,但却钓不到大鱼。即使有大鱼上钩,如果不是多年老手,恐怕也钓不上大鱼来。为了能钓到大鱼,有经验的渔民常常采用"放长线"也叫"放单钩"的办法。这种方法是两个人同乘一艘船出海,到离岸极远的地方,先找到海流。然后,一人划船,逆流而上,另一人把钩,待鱼上钩。他们一般只带两三个钓钩,钩像小孩的拳头大小,做成小锚的样子。为什么要这样做呢?原来,海中的大鱼总是仗着自己体大力足,能够在海流中挺身站住,待那些被激流卷得晕头转向的小鱼小虾来到眼前的时候,它只要张开大嘴就能把小鱼小虾吞到肚子

放长线钓大鱼

里去,根本用不着像小鱼小虾那样在平静的海湾里东游西走地去觅食。钓大鱼的渔民摸透了大鱼的这种习性,

就专到海流上来等它上钩。一旦咬钩了,渔民就知道一定是钓着大家伙,说不定会有上百斤。这样大的鱼上了钩,不是一下就可以把它抓上来的,若是线短,大鱼一挣扎,说不定就会脱钩跑掉。怎么办呢?渔民们早就准备好了长长的渔线。上钩的大鱼挣扎时,就把渔线放得长一些。待鱼疲劳了,再把线收一收。大鱼再挣扎,就再放线再收线。大鱼的力气最后就在这长长的渔线的收收放放之间被消耗尽,这时就可以把大鱼拖上船来。这就是"放长线钓大鱼"的本意,它是渔民和大鱼斗智斗勇的写照。美国作家海明威写的《老人与海》中的古巴老渔夫桑地亚哥老人就用这种方法钓到一条世所罕见的大马林鱼。

93. 外国古代诗人笔下的"图勒"是什么意思?

在外国作家和诗人的笔下,经常出现"图勒"这个词语。你知道它是什么意思吗?这个词语的广泛传播还和古希腊时期一个叫皮西斯的大航海家有关。在公元前240年的时候,皮西斯指挥一艘商船从现在法国的马赛港出发,最后来到了位于北纬60度方位上的设得兰群岛最北部的安斯物岛停泊休息。他从当地牧人那里得知,在离苏格兰很远的北方有一个名叫"图勒"的地方,那是一片辽阔的土地,当地人称之为"太阳的安息之所",也就是世界的尽头。皮西斯对此极为向往,以超人的智慧和勇气继续向北航行,终于到达了图勒。皮西斯在这里不仅看到了"午夜太阳"的壮观景象,还看到了岛上"高大的山峰"和"永远燃烧不熄的烈火"。后人推测这个地方可能是冰岛或挪威的某个岛屿。受这次探险发现的影响,后来的作家和诗人都把遥远的地方和地球的终点叫作"图勒"。

海洋文化

海洋绘画名作

94. 人类最早以海洋为题材的美术创作是在什么时候？

谁是第一个为海洋画出第一幅画像的,这个问题恐怕永远也得不到千真万确、无可争议的回答。但有一点可以肯定,就是它比文字的产生更早。已知最早的海洋题材的美术创作,大体时间可以上溯到7000至9000年以

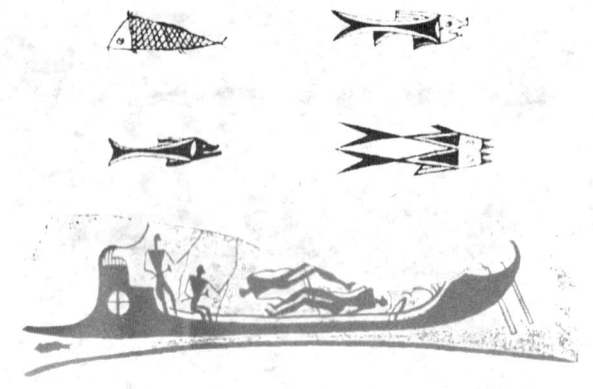

岩画《捕鱼图》

前。近年来,考古学家在北极圈以北450千米处,现属挪威的威瑟尔岛地下发现了一处壮观的史前艺术长廊。这里至少有100幅表现石器时代人、动物和原始船只形象的作品。据考古学家分析,这些绘画作品可能是当时住在海岛的原始居民为了某种宗教而在岩壁上刻画出的图腾浮雕。这上面有驯鹿、鸟、鲸鱼等动物,还有人和船,其中一幅是一位渔民好像坐在船边捕捞大比目鱼,另外还有四幅表现船只的浮雕。这可能是目前发现的人类最早表现海洋题材的美术作品了,它从一个侧面反映了远古

时代沿海人类的海洋生活。

95.《海神的凯旋》描绘的是哪位海神?

《海神的凯旋》是17世纪法国画家普桑在1635年为法国红衣大主教黎塞留创作的。这幅画描绘的是海神波塞冬从天神宙斯和哥哥那儿分得统治海洋的权利后凯旋的情景。画面中的海神波塞冬全身赤裸,威武有力,须发卷

《海神的凯旋》 普桑(法国)

曲,右手拿三叉戟,左手驾着金鬃铜蹄马车飞驰而回。他的妻子和情人们驾着由海豚牵引的贝壳船,追逐迎接着波塞冬。海神的儿子们则吹起得胜的号角,天空中飞舞的小天使们撒下缤纷的满天花雨。画面以橙红色的暖调衬托出一派节日般的欢快气氛。整个作品构图均匀而富于变化,人和动物错落有致,给人以欢乐祥和的热烈感觉。

96. 洛兰的海洋风景画有哪些?

洛兰是法国著名的风景画家。1613年,年仅13岁的放牛娃洛兰随舅舅离开家乡,来到意大利谋生。经过艰

苦的奋斗和勤奋的创作,洛兰终于从一个半文盲的面包店的徒工,成长为文艺复兴时期著名的风景画家。在30年的艺术实践中,他创造了《海港日出》《海港落日》《圣乌儿苏拉的起航》、《劫取欧罗巴》、《将克利赛伊斯送回父亲身边的尤利西斯》及《特洛亚女人们烧毁战舰》等著名的海洋风景画,成为具有世界影响的海洋艺术大师。他的代表作是《克莉奥佩特拉登岸塔尔苏斯》,内容取材于

《特洛亚女人们烧毁战舰》 洛兰(法国)

埃及艳后半历史半神话的故事。另一个代表作《示巴女王登船》则取材于犹太教和伊斯兰教的传说。示巴女王是阿拉伯半岛西南地区的国王,据说她曾用船满载财宝来拜访所罗门王,并嫁给了他。这幅画在创作技巧上,采用了奇妙的光色技巧,画面上一轮朝日方醒,港内金波闪动,码头上华船待发。黎明的晨光散落在远处的城堡拱桥和近处的楼宇回廊上,女王在仆人的簇拥下,正准备登

船驶向远方。洛兰的海洋风景画不仅标志着海洋美术从神殿到人间自然的转移,而且对此后的浪漫主义风景画家及其创作产生了深远的影响。

97. 描绘切什梅大海战的油画是怎样创作出来的?

1770年,17000名忠于叶卡捷琳娜女皇的俄国军队,同15万土耳其军队在卡克尔河上拉开了俄土战争的序幕。俄军舰队在奥尔洛夫伯爵的统帅下,驶出波罗的海,穿过英吉利海峡,进入地中海,然后直扑爱琴海上的土耳其舰队,以声援俄国的陆军部队。在切什梅港前的激战中,俄国海军一举击溃土耳其舰队,土耳其舰队在一片映红海天的熊熊大火中灰飞烟灭。捷报传到彼得堡,叶卡捷琳娜欣喜若狂。为了纪念此次大捷,女皇决定画一幅反映切什梅海战的大幅油画。当画家们奉命完成这幅油画之后,女皇亲率近臣前去欣赏。结果,女皇对作品大为不满,原因是这幅作品缺乏真实感。女皇于是命令奥尔洛夫伯爵把画家领到海边,授意奥尔洛夫找个机会让画家亲身体会一下硝烟弥漫的海战。当画家来到海边的时候,恰巧有一艘俄国海军的巡洋舰驶临海面。为了讨好女皇,奥尔洛夫竟然下令岸边炮兵集中火力猛轰自家的巡洋舰。当雨点般的炮弹射向巡洋舰时,舰上的俄军指挥官和水兵们都被这突如其来的打击惊呆了,他们怎么也不明白这到底是怎么回事。还没等他们明白过来,这艘曾在海战中为女皇立过汗马功劳的战舰就被击沉了。由此,画家获得了"真实感受",俄国女皇得到了名画,伯爵得到了赏赐,只有水兵们丧失了宝贵的性命。这是所有美术创作中最可怕的一个插曲。

98. 19世纪俄罗斯有哪些描绘海洋的风景画家？

在19世纪的俄罗斯画坛上,涌现了一大批驰名世界的风景画家,他们用手中的彩笔,绘出了神奇迷人的海滨风光,成为世界绘画史上的稀世珍作。这些画家主要有希施金、列维坦、艾瓦佐夫斯基、沙甫拉索夫、库因芝、波列诺夫和瓦西列夫等。在他们的画作中,有的描绘了平静、祥和的海滨美景,有的描绘了海上怒涛狂啸的残酷景象,有的再现了激烈的海上战斗,有的记录了运输繁忙的港口和轮船。这些作品手法多样,风格丰富,幅幅给人一种身临其境的感觉,显示了这些大师们高超的绘画技巧和炉火纯青的艺术造诣。

99. 希施金创作了哪些著名的海洋风景画？

希施金(1832—1898年)是俄罗斯著名的风景画家。他以擅长描绘俄罗斯大地上挺拔的橡树和白桦林、一望无垠的金黄色麦地、曲折的乡间小路、森林中淙淙的小溪和森林动物而著称。尽管如此,希施金在他众多的风景画中,也创作了为数不少的以海洋风景为题材的画作。这些海洋风景画有《瓦兰岛景色》(1858年)、《瓦兰岛风光》(1859年)、《克里米亚海角》(1879年)、《芬兰海湾》(1888年)、《芬兰海滨》(1888年)、《芬兰海滨》(1889年)和《海滨》(1890年)等。这些画作和希施金的其他风景画一样,都给人明媚和温暖的感觉,色调多以金黄色为主。《瓦兰岛景色》和《瓦兰岛风光》更是以丰富的构图描绘了岛上参差错列的岩石、稀疏但仍茁壮生长着的白桦林和杂驳的山草,画面的左侧

海洋文化

一角勾勒出一小片深色的水光,给人一种深沉而又有生命力的感觉。《克里米亚海角》在构图上也是如此,只不过这里的大海出现在画面的右上角,占不到三分之一的篇幅,山上则是一明黄色,连天空也映衬得一片淡黄,突出了克里米亚海滨的辽阔与宁静。创作于同一年的《芬兰海湾》和《芬兰海滨》在构图上非常有意思,远处一两个人走在高高的山崖顶的小路上,山上是一片金黄色的小麦和不知名的小白花,山崖曲折而陡峭,下面是一望无际的蔚蓝色的大海。他于1889年创作的《芬兰海滨》虽然明显带有前两幅画的痕迹,但不同的是,此时希施金笔下的大海已占据了画面的一半还多,画作左半部是层次分明的曲折陡峭的悬崖峭壁,呈暗色调,崖顶上是一条与曲折的山崖平行的呈"S"形的山间小路,画面上方的海岸线连成一体,海水也由近岸的浑黄逐渐趋于天蓝色。整个画面层次分明,色彩丰富,是一幅难得的海洋风景名画。他于1890年创作的《海滨》,在创作上又有了新的突破。画面上的海滨呈">"形占据一半左右的画幅,中间的海岸是一条耀眼的明黄和褚红色,山崖下面是暖色调,上面则背光处理成黑红色,海水也显得色彩斑驳,整幅画从色彩到构图上给人以强烈的视觉冲击。

希施金像

100. 列维坦创作了哪些海洋风景画？

列维坦（1860—1900年）是俄罗斯著名的风景画家。冰雪覆盖的大地、散发着乡村气息的乡村小路、庄园风光、河边的蜂房、森林里的小木屋和森林风光，是列维坦经常描绘的对象，海洋题材的风景画也在他的画作中占有相当大的比例。列维坦创作的海洋风景画主要有《伏尔加河畔》（1887—1888年）、《克里米亚之滨》（1886年）、《伏尔加河上的驳船》（1889年）、《雨后》（1889年）、《湖》（1890年）、《湖畔》（1890年）、《伏尔加清风》（1891—1895年）、《平静的伏尔加河》（1895年）、《云》（1895年）和《大水》（1897年）等等。这些画作充分体现了列维坦的绘画风格和特色，是不可多得的世界风景名画。

列维坦像

101. 列维坦的海洋风景画都表现了哪些内容？

列维坦的海洋风景画表现的内容丰富多彩，欣赏者不仅可以从中领略俄罗斯山水的秀美风光，更能通过那一幅幅优美的风景，感受到列维坦胸中跳荡不已的爱国之心。创作于1887—1888年的《伏尔加河畔》体现了列维坦对于景物透视的高超表现技巧。画面上中间部位是平静如镜的伏尔加河，对岸的景物清晰地倒映在水中，河中间停着一只小船，右面的岸上静静地放着三五只木船，远处河与岸的交界处散乱地堆放着一些木头，画面和谐交融,给人以异常宁静安详的感觉。创作于 1886 年的《克里米亚之滨》,栩栩如生地再现了潮水退后,太阳升起时的海边景色。列维坦抓住了朝阳初升时的瞬间景象,整个画面充满温暖的感觉。首先映入欣赏者眼帘的是画面中间被初升的朝阳照得散发着褚红和土黄色的一块大礁石,周围的海水泛着金光,微微荡漾,右下角则是三块一块比一块大的铁红色的礁石,岸边其他大大小小的石头,则透着红黄色,画面上方有一半是海水和天空,海水显得异常平静。《伏尔加河上的驳船》也是这种风格,占据画面中心的是一前一后两只竖着桅杆的驳船,就像齐心协力亲密无间的兄弟一样。《湖》、《湖畔》的内容也与此大体相仿,只不过色彩更加简洁突出。《雨后》描绘雨后码头上的宁静气氛,雾似的水汽弥漫着河流、村庄和城镇。岸边码头上停着的是木帆船,远处河面上渐渐远去的则是一艘白色的蒸汽船,象征着一种对立的力量与较量。这种象征意味在《平静的伏尔加河》中表现得更加充分。画面上,伏尔加河微波荡漾,左侧的河岸闪着金黄色的光芒,与灰蓝色的河水形成鲜明的对照。画中间两只船停在那里,左面的那只是一艘陈旧的棕黑色的三桅木帆船,右侧则是一艘白色的大蒸汽铁壳船。从微微涌动的河水,欣赏者不难看出象征着两种不同意识和力量的较量。

102.《伏尔加清风》有什么特色?

《伏尔加清风》是俄罗斯著名画家列维坦创作的一幅著名的海洋风景画。从 1891 年开始创作,直到 1895 年才最后完成,创作时间之长是列维坦绘画生涯中少有的。整个画面视野开阔,气魄宏大,色彩艳丽醒目,寓意含蓄深远。在湛蓝色的天空下,飘着朵朵白云,河面停着正升起一半白色风帆的棕黑色的大木船。船头的铁锚高高拉起,旁边画着猫头鹰的脑袋,两只黑色的大眼睛正注视着前方。大木船右侧,一个男子正悠闲地划着一只舢板,两只白色的海鸥在他头顶缓缓地飞着。在画面的后方,一艘冒着白色浓烟的白色蒸汽大船正在快速驶来,河面

《伏尔加清风》 列维坦(俄罗斯)

上立刻荡起了一阵翻滚不休的波浪。画面中间远远的河岸边,一座高高的黑烟囱正在冒着滚滚的黑烟,这一切似乎在诉说着俄罗斯的过去、现在和未来,具有浓郁的历史时代感。绚丽的色彩和构图,使这幅画具有童话般的美妙感觉,令人心旷神怡。

103. 为什么说爱瓦佐夫斯基是俄罗斯海洋画第一明星?

在俄罗斯风景画坛上,尽管名家辈出,佳画纷呈,但

就专门表现海洋、描绘大海的各种自然风光这一点来说，爱瓦佐夫斯基(1817—1900年)可称得上是俄罗斯19世纪海洋画之父。和别的风景画家只是偶尔画一画大海不同，爱瓦佐夫斯基一生几乎都是在描绘大海中度过的。不仅画作数量居所有同类题材画家之首，而且他还扩大了海洋画的表现题材，创造了独特的海洋绘画技巧，形成了自己独树一帜的海洋画表现风格。爱瓦佐夫斯基的海洋画作品主要有《喀浪施塔得大锚地》(1836年)、《喀浪施塔得大锚地》(1848年)、《海港灯塔》(1841年)、《契斯米海战》(1848年)、《那不勒斯港晨景》(1843年)、《凯旋》(1848年)、《日落克里米亚》(1859年)、《十级浪》(1850年)、《意大利海滨风光》、《海湾朝阳》(1856年)、《搏浪》(1859年)、《勃斯普鲁城堡》(1859年)、《北冰洋风暴》(1864年)、《意大利海滨晨雾》(1864年)、《北海风暴》(1865年)、《希腊海滨》(1867年)、《海滩》(1876年)、《海滨市镇》(1877年)、《驰向曙光》(1871年)、《黑海之夜》(1879年)、《海湾月色》(1885年)、《胜利返航》(1892年)等。他笔下的海景造型准确生动，气魄宏大，构图完美和谐，富有古典主义特色。在这些画作中，爱瓦佐夫斯基不仅描绘了世界各地的海滨风光，而且全方位、多角度地表现了大海的种种风貌。他第一次大密度地把历史事件、历史人物同大海有机地统一在一起，突出了人与自然搏斗的力量之美，开拓了世界绘画史上表现海洋风光的题材新领域。他终生以画海为事业，作品有6000多件。从这个意义上来说，称爱瓦佐夫斯基是19世纪俄罗斯海洋画第一明星是当之无愧的。

104. 沙甫拉索夫有哪些以海洋为题材的风景画?

沙甫拉索夫(1830—1897年)是19世纪俄罗斯的一名风景画家。他的作品表现的题材较为广泛,其中有几幅是以描绘河流和海洋风景而闻名的作品,如1859年创作完成的《河流与渔夫》、1869年创作完成的《萨可尼克的罗西尼岛》和于1875年创作完成的《伏尔加河畔》等油画。这些画以细腻的色彩向世人展现了一幅迷人的风光。《河流与渔夫》描绘了一个肩扛渔网、手提鱼桶的老渔夫在金色余晖中归来的情景,画面中的河流如一面镜子,河面上没有一点波痕,给人非常宁静、旷远的感觉。《萨可尼克的罗西尼岛》则给人展现了一幅仙境般的画面,这里虽然看不到一点大海的影子,但占据画面中心的是那一方清澈的池塘,让人联想到滋育人类的大海母亲。画左面是一片生长茂密、挺拔的森林,给人以凝重的感觉,右面中间的绿草地上,一群肥胖的黄牛正在悠闲地吃草,整个画面显得富有田园牧歌般的诗意。《伏尔加河畔》则描绘了在阴郁的天空下,在暴风雨即将到来的时候,一群妇女正在焦急地翘首望向伏尔加河远方,似乎在祈祷远航的亲人们平安归来,平静的画面处处显示出人物激动、焦急的心情。

105. 库因芝的海洋画表现了哪些内容?

库因芝(1842—1910年)是俄罗斯19世纪的著名风景画家,他的油画以色彩简洁细腻著称。他创作的以海洋风光为题材的作品有《瓦兰岛的黄昏》(1873年)、《拉多加湖》(1873年)、《克里米亚风光》(1885—1890年)、《克里米亚海滨》(1885—1890年)、《海滨的白杨》(1887年)和《克里米亚海滨》(1898—1908年)。《瓦兰岛的黄昏》画面从左上到右下是晚霞中朦胧的红黑色,与此形成对比的是左下空地上的土黄色,中间两棵挺拔的白桦树增加了作品的亮色。整个画面构图生动,色彩细腻,展现了晚霞中美丽的海岛景色。《拉多加湖》在黑褐色的水天之中描绘了渔船和远去的白帆,岸边的沙滩与水中的散石,则显出金黄的色

《瓦兰岛的黄昏》 库因芝(俄罗斯)

调,湖水晶莹清澈,水中砂石历历如在眼前,给人一种透明的安宁感。《克里米亚风光》和《克里米亚海滨》则都用蓝墨色绘出海水,用土黄色画出海滨,色彩简洁凝练,用色大胆。《海滨的白杨》则用写实的细腻手法,画出了海边高大、挺拔、生机勃勃的白杨林,只在上方一角展现了大海和天空,给人一种昂扬向上的生命冲动。《克里米亚海滨》的创作,库因芝前后曾花十年多的时间才完成,画家在此期间付出的心血是常人无法想象的。整个画面给人清爽、洁净和明快的印象。占据画面大部分的镜面般平静无波的蓝色大海,如蓝缎般光滑无垠,让人仿佛能一眼望穿海底,显示异常的色彩透明感。岸边灰白色的山崖上,开满金黄色的花草,一株小花树正伸展着柔嫩的枝条努力地向上生长,淡蓝色的天空中飘着一朵淡淡的白

云，给人一种水天一色、身在画中的清新之感，显示作者在构图、布色和用光上的绘画技巧，不愧是一幅经典的海洋风景画。

106. 波列诺夫创作了哪些海洋风景画？

波列诺夫（1844—1927年）是俄罗斯近现代著名的风景画家。他创作的有关海洋题材方面的风景画主要有《河畔修道院》（1878年）、《高地湖泊》（1879年）、《尼罗河沿岸》（1881年）、《岛上的女神庙》（1882年）、《克里玛斯河》（1888年）、《吉内河列特湖》（1888年）、《康斯坦丁堡金色海角》（1890年）。其中以《康斯坦丁堡金色海角》最为著名。

107.《喀琅施塔得大锚地》描绘的是什么内容？

《喀琅施塔得大锚地》有两幅，是19世纪俄罗斯著名风景画家爱瓦佐夫斯基创作的海洋名画，一幅完成于1836年，另一幅完成于1840年。尽管两幅表现的都是海军题材，但其内容却明显不同。1836年创作的这幅画，表现的是战舰归航的情景。波涛汹涌的海面上，一艘正在落下巨大风帆的战舰准备靠向码头。码头上站着一群人，一个身着红色水兵服上衣的青年正焦急地望着越来越近的战舰，他的旁边是一个年纪稍长的男人。一个头戴礼帽的男子蹲坐在码头的油桶上，一边抬头向长者诉说着什么，一边伸手指向海中的战舰。在他们身后隐约可见两个海军军官好像正在小声谈论着什么。这一切似乎都在诉说战舰靠岸的艰难。天上浓云密布，好像一场暴风雨就要到来。整个画面给人一种沉重而又紧张的感觉。创作于1840年的这幅《喀琅施塔得大锚地》，占据画面中央偏左一点的是一艘又高又大的已经抛锚的四层战舰,从这艘战舰上面正在往下吊供逃生用的小艇。一艘小艇上,身着白色水兵服的水手划着长长的白色木桨,正载着四军官快速离去。旁边一艘小艇上,在一个军官的指挥下,四名身着红色水兵服的水手正奋力驶向抛锚的巨舰,巨舰的船头雕刻着一头巨大的展翅高飞的双头白色老鹰。天空一片火红色,映得下面的海水仿佛像燃烧的火焰,翻滚的巨浪像薄蜡一般给人透明的感觉,整个画面场面壮阔而又气氛紧张,显示了作者高超的绘画才能。

108.《契斯米海战》有什么特色?

《契斯米海战》是爱瓦佐夫斯基于1848年创作完成的一幅著名的世界海洋名画,它真实地再现了契斯米海战最精彩动人的场面。由于这次海战发生在夜间,所以浓浓的夜色笼罩着整幅画面。敌船炮弹爆炸起火的景象被安排在画面中心,连成一片的战舰中弹起火。橘黄色的火光映照着暗夜笼罩着的海面,透过火光,人们可以看见在炸毁的舰上呻吟着的伤兵,海水中正在逃命的水兵。爆炸掀起的巨浪打湿了船上红色的战旗,被炸飞的战船的碎片飞向天空。天上一轮圆圆的明月,透过墨绿色的浓云漠然地看着海面上血肉横飞的厮杀场面,表现了画家对题材炽热的情感表现和冷静的理性思索,让赏析者折服于作品深刻的思想内涵和表达手段的高妙。

109.《那不勒斯港晨景》具有什么风格?

《那不勒斯港晨景》是爱瓦佐夫斯基于1843年创作

完成的。同以往表现的海上人与大海搏斗紧张的厮杀场面不同,《那不勒斯港晨景》着重表现了早晨太阳初升时,海面上渔民和船只所特有的宁静与温馨。你看,初升的太阳正从港口前面的山后露出金灿灿的霞光,天空上还飘浮着一弯银色的月牙儿,此刻,淡蓝色的天幕上,片片白云被霞光映得金黄。一艘巨大的双桅帆船上,飘扬着一面鲜艳的红旗,海面被霞光映照得金黄一片,远远望去,海天一色,分不清哪里是海,哪里是天。画面上一艘挂满白帆的双桅船,扬着红旗,似乎正准备远航,近处一只小船似乎刚从夜色中驶来,船头拉紧的渔网和船舱里坐着的三个渔民,仿佛在告诉人们他们经过了多么紧张辛苦的夜晚,而船头雕塑般站立着的渔民,则又在诉说着他们丰收的喜讯。你看,晨曦中翩翩飞来的两只白色的海鸥好像正是前来向他们祝贺的朋友,整个画面给人以温馨、宁静和祥和的感觉。

110.《凯旋》是如何表现作品主题的?

大家知道,人们在迎接凯旋的勇士们时,总是通过鲜花、美酒和载歌载舞的人群,来突出喜庆热烈的胜利气氛。然而,俄罗斯画家爱瓦佐夫斯基于1848年创作完成的表现战舰胜利归来的作品《凯旋》,却独辟蹊径,非常巧妙地表现了战舰胜利归来、凯歌高奏的主题。他在画面中是怎样表现这一主题的呢? 在这幅油画作品中,爱瓦佐夫斯基并没去表现海战中惯有的炮火连天的场面,甚至连一点战争的影子都看不到,他只是通过色彩的运用和细节的刻画,借助象征性的手法来表达这一主题。你看,弥漫在画面四周的是暗色的天空,浓密的云彩和翻涌着黑浪的海面,仿佛诉说着这里曾有过多么紧张、沉重的战争气氛,画面中央那艘高挂风帆的战舰,已有一张大帆歪斜下来,暗示着它曾经历过的战斗的激烈与残酷。而阳光透过浓密的云层,终于照射在战舰前方的海面上,在海面上形成一道黄金般的波浪,在战舰前方闪耀着一道耀眼的金光,象征着战舰所取得的辉煌无比的战绩,这一切都有力地突出了《凯旋》的主题。

111.《九级浪》表现的是什么内容?

《九级浪》是俄罗斯19世纪著名画家爱瓦佐夫斯基于1850年创作完成的一幅世界海洋经典名画。无论是在构图的精巧上还是在着色的创新和人物的刻画上,这幅画在世界美术史上都占据着重要的地位,是爱瓦佐夫斯基的代表作之一。《九级浪》顾名思义,是表现海上的狂风巨浪的。你看,六个遭遇海难的幸存者,正在折断的桅杆上苦苦挣扎,桅杆周围是深不可测的海水,呈现出令人恐怖万分的暗黑色。狂风吹得天空暗不见日,只有一缕光线从昏黄的天空中洒到海面上,桅杆刚刚从巨浪中艰难地浮出水面,桅杆上的海水正如帘般地流淌着。一位长者半身浸入海水,正拼命抓住一个头朝下要掉进海里的船员,桅杆中间躺着的一个男子,正伸出绝望的手祈盼得救,一个背对着我们的青年,跪伏在木筏上,手举一方红布,奋力摇喊着,旁边是两个无力地看着他的人。此时,桅杆前方又涌起一座小山似的墨绿色的巨浪,正向他们铺天盖地地压来,巨浪上泛着粉紫色的泡沫,如同吃人的血口一样,形势危恶万分。狂风已经吹得人无法区分天和水,海面上一浪连着一浪。这就是《九级浪》展示给人们的一幅人与巨浪搏斗的不屈画面。构图上,画面中

《九级浪》 艾瓦佐夫斯基(俄罗斯)

大部分是巨浪的形象,筏上的人们被压到画面的最底下,突出了巨浪的压迫感和水手的不屈的意志。画中的巨浪和桅杆上的人们,又形成构图的三角形结构,既给人以强烈的动感和力量,又使整体显得均衡对称与和谐,使画面充满了色与影、力与美的感觉和意境,画中水手高举的红布,仿佛一颗跳动的火焰,象征着人类与自然搏斗的必胜信念和意志。

112. 爱瓦佐夫斯基创作的海难题材的作品有哪些?

作为一个毕生描绘大海的画家,爱瓦佐夫斯基不仅

擅长描绘大海纯净、美丽的景色,也善于描绘大海狂暴嚣张的形象。为此,爱瓦佐夫斯基创作了为数不多的表现海难题材的作品,这就是《北冰洋风暴》(1864年)、《北海风暴》(1865年)和《海滩》(1876年)。《北冰洋风暴》描绘的是一支北冰洋探险船队遭遇北冰洋风暴的情景,画面上的海水是一片灰蓝色,天空则是棕绿色,一个年长的船员正吃力地从海里爬上折断在海中的桅杆,抬头仰望着前来救援的船只,可是,巨大的风浪使他们无法靠近,救援船的桅杆已被狂风吹得东倒西歪,船帆也已摇摇欲坠,只有桅顶迎风飘扬的红旗和海面上奋翅飞翔的一队洁白的海鸥,象征着人们战胜困难的不屈的毅力和必胜的信心。《北海风暴》展现的则是夜晚在海上遭遇风暴袭击而遇难的船只和落水的人们。墨绿色的海面上,落水的人们正在招手呼唤远方的船只,可远方的船只也被狂风吹折了桅杆,整个船正面临倾覆的危险,唯一给人以安慰的是画面中间那道似乎给他们带来好运的希望之光,画面颜色清冷、沉重。《海滩》则是描绘傍晚时分遭遇海难的船员乘着橡皮筏向岸上挣扎的情景。一段从水中若隐若现的船桅暗示着他们所遭受的灾难,海浪像银色的小山,阻隔着他们登岸,拥挤在橡皮筏中的人们正在奋力划桨,一个人手指远处的山顶,似乎在呼唤着什么,霞光映照的山顶上,一群人也正在给他们指引着方向。整个画面层次丰富,色彩绚烂,山上的人群与橡皮筏中的人群遥相呼应,使画面均衡中透出力量和动感节奏,从而传达出丰富的思想内涵。

113. 《驰向曙光》在色彩上有什么特点？

《驰向曙光》是爱瓦佐夫斯基在1871年创作完成的油画作品，突出地体现了他的构图和颜色运用上的风格。画面展示的是在水天相接处，三艘被狂风吹落了风帆的木船，正艰难地奋力前行，船上的桅杆虽然没有折断，但大部分都已是东倒西歪，摇摇晃晃；海面上，翡翠色的大浪正连绵不断地涌动着，暗示着这支舰队曾经历过的风暴搏斗，天上的阴云也还没有散尽。值得一提的是，这幅画在色彩的运用上有着较为突出的特点。画家视角从岸边、浅水、深水一直伸向水天相接之处，碧绿的海水像透明的玻璃一样，清晰可见暗褐色的海底和海滩。和以往描绘海水多以蓝色为主调的画家不同，爱瓦佐夫斯基一反常态，通体运用碧绿、翡翠般的色彩勾勒海水，甚至连天空也是如此的颜色；海水在苍碧中透出冷静的气氛，似乎在诉说着奋斗的艰难和历经沧桑的感悟。象征着光明的霞光的颜色，也不是常用的大块粉红色或红色，而只在船队前方的水天之际，露出窄窄一线融化了的黄金般的亮色，象征着胜利的来之不易与辉煌灿烂，也表现了画家的理想和激情。

114. 瓦西列夫创作了哪些著名的海洋画？

瓦西列夫（1850—1873年）是俄罗斯19世纪著名的风景画家。他在他短暂的创作生涯中，给世人留下了独具风格的海洋题材画作，这就是《乘风行驶》(1869年)、《伏尔加货船》(1870年)和《风暴后出航》(1871年)等油画作品。其中，《乘风行驶》主要描绘一只飘悬着俄罗斯红蓝白三色旗的帆船离岸远航的情景。海滩边一对青年男女正并肩而行，海上的船只，个个涨满了风帆。这一切既表达了对远航的船队的祝愿,也暗示着对这对青年男女的爱情的祝福。画面凝重,色彩单纯。《伏尔加货船》则描绘在一片金黄色的色彩中,几艘泊岸的货船静静地落下了风帆,在船的背阳处,三四个水手正席地而坐,好像谈论着这一趟的收获。《风暴后出航》描绘的是阳光下一湾金色的海滩上,海水已经退潮,海面如未磨的金镜,一个老渔民正拖着渔网和远处拣拾海鲜的人们诉说着捕鱼的事情。海面上一艘张着白帆的小船正驶向远方,整个画面显得宁静而辉煌。

115.《有利的位置》表现的是什么内容?

《有利的位置》是英国画家阿尔玛·塔迪玛于1895年创作的一幅油画。塔迪玛于1836年出生于荷兰,1870年移居英国,以画技高超而闻名于世,备受世人尊敬,1912年在威斯巴登去世,被封为劳伦斯爵士。他对新古典式绘画方法有所创新,并在绘画中表现出他在考古和社会史方面的丰富知识。《有利的位置》是独具特色、别具一格的表现海洋题材的作品。和以往画家一画海洋题材便是船帆满布、海浪相连的构思不同,《有利的位置》在这方面可谓独具匠心。远航的舰艇就要回来了,人们纷纷涌向码头去观看和欢迎。可有三个美丽的头戴花冠的罗马女子,却来到码头上最高建筑物顶上的大理石栏杆旁,迅速抢占了"有利的位置"观看舰艇回航。一个头戴紫红色玫瑰花冠的女子,迫不及待地跪趴在大理石的栏杆上,伸长脖子目不转睛地看着下面渐渐驶入港口的舰艇,以至连花瓣落下来她也顾不得了。她身后一个戴着蓝色勿忘我花环,肩披淡紫色披巾,胸系黄色胸带,着一件白色丝织长裙的女子,禁不住憧憬起和舰艇上的情人相会的情景,激动之中竟抬头望起了远处的天空。在她背后一个头披绿巾、身着绿裙、腕上带着金镯的女子,则站在栏杆上,一手掐腰,一手支着铜兽的底座,迫不及待地想要到前面看个究竟。有意思的是,就连背对三个女子、趴在大理石栏柱上的铜兽,脖子上也戴上了一圈黄色的花环,抬头望着前面一望无际的蓝色大洋。整个画面洋溢着喜人的气氛,而三个美丽的罗马女子更衬托出了水兵的勇敢、英俊和舰艇队伍的雄壮,可谓构思巧妙、表现新颖的一幅海洋名画。

116.《野兽入方舟》描绘的是什么?

传说人类要经历一场洪水劫难,为了保护地球上的人类和其他动物,上帝造了一艘大船,叫诺亚方舟,让人类和动物进入其中来躲避洪灾。巴沙诺·雅克伯创作于1590年的油画《野兽入方舟》描绘的就是这件事。在这幅画中,船并不是主要的部分,画家只让人们看到大船的一侧门,重点放在描绘各种各样的动物。这些动物正排成两个一组的队伍,在诺亚和他家人的引导下,在天亮前鱼贯地走向方舟,这些动物描绘得相当细腻和逼真。画面中间的木板上,一对狮子正并肩走向大船的门,后面跟着鸡、兔、狗、牛、羊、驴、马等动物。

117.《42个小孩》中的孩子们在干什么?

《42个小孩》是美国画家贝洛斯·乔治于1907年创作完成的。贝洛斯·乔治1882年生于俄亥俄州哥伦布市,1925年死于纽约。《42个小孩》主要表现的是一群年龄不等的孩子们在海边准备游泳的活动。一块用木板搭成的类似跳板的地方,一群脱光了衣服的孩子们正在做着游泳的准备,一群孩子正在海里嬉戏,岸上一个孩子正准备脱衣下水,站在跳台边的一个孩子光着屁股迫不及待地一头扎向海中,动作不雅,但勇气可嘉。木板上还躺着九个晒太阳的孩子,一个穿白色泳衣的小女孩站在这群男孩子的身后,也跃跃欲试。画家以迅速挥洒的手法将孩子们的身体简化,意在突出表现瞬间的动作感觉,就像用照相机抓拍一样,画面生动,色彩强烈,充满了运动感。

118.《毛皮商人航行于密苏里河》在艺术上有什么新突破?

《毛皮商人航行于密苏里河》是美国画家宾汉·乔治·克勒伯(1811—1879年)于1845年创作完成的表现早期美国人生活的作品。在这幅画中,画家突破了他早期构图以水平线和对角线为主,把人物放在左右边角上以产生坚实的结构的方法,开始把人物放在画面的中间地位。透过薄雾茫茫的晨曦,一对男女划着独木舟,在密苏里河上划行。男的头戴黄帽,上身穿一件红色带白条的衣裳,坐在船后划着船,两眼警惕地注视着河面周围,小船中央是装皮货的箱子,外面遮着一大块土黄色的布。男人对面的箱子上,一个女子手托腮在说着什么,她的身上披着一件上蓝下红的绒布披风,船头还站着一只大黑猫。温煦的阳光照在静谧的河面,产生一种时间静止的梦幻般的感觉,水面上平静无波,只有独木舟滑行过的水线,给人以转瞬即逝的动感,显示了画家照相机般的写实绘画技巧和审美素养。

119. 布丹为什么以"海滩画家"闻名于世?

布丹·鄂简是法国19世纪著名的画家,有"海滩画家"的美誉。为什么这样称呼他呢？这是因为布丹·鄂简曾经在1864年创作过一幅名为《楚雄尔海滩》的油画，并从此对这片特别的海滩终生难以忘怀，画面上是一群打扮得整整齐齐的巴黎人，来到诺曼底海岸热闹的楚雄尔海滩游乐区晒太阳。布丹·鄂简在观察和表现自然方面有特别的天赋，他总能捕捉到人们各具特色的姿势，落笔既巧妙又自由，常采用色点的组合方法，使画的表面闪耀着光辉，造成生动的天空或闪亮的海洋，而且，天空在他画中占有三分之二的重要画面，使观众的眼睛情不自禁地落在小小的人物身上，成为后来法国印象派画家的主要原动力，对莫奈等画家产生重要的影响，多年之后，莫奈也画了这处海滩。正因为如此，在世界美术史上，布丹才以"海滩画家"闻名于世。

120.《布辛托洛在升天节正准备从莫洛启航》表现的是什么内容？

《布辛托洛在升天节正准备从莫洛启航》是卡纳莱托大约在1740年完成的一部海洋题材的名画。卡纳莱托1697年生于威尼斯，1768年在威尼斯去世，是当时威尼斯最杰出的风景画家之一，作品广为人知。这幅《布辛托洛在升天节正准备从莫洛启航》表现了总督搭乘华丽壮观的国家游艇"布辛托洛"号，从海湾启航去庆贺威尼斯每年中的一件大事——升天节的情景。每年的这一天，总督都会向亚得里亚海丢下一枚指环，许多人都是驾船前去打捞。画面上中间飘着红旗、带有红色篷顶的大船就是"布辛托洛"号，在它周围是无数大大小小的船只，布满了平静的河面。这一庆典活动为在这里土生土长的画家提供了绝佳的表现机会,他以光彩灿烂的色彩准确地表现了威尼斯水道和皇宫,细致精密,场面雄伟壮观,直到今日观看此画仍能唤起人们对水城威尼斯的幻想和不尽的遐思。

121.《帆船》是属于哪一流派的海洋题材绘画作品?

《帆船》是美国画家费宁格·里奥内尔(1875—1956年)创作的作品,完成于1929年。画面以墨蓝、浅蓝和灰蓝色的条状色块描绘大海和海浪,帆船由抽象细长的三角形和不同的颜色描绘出来,并以重叠的三角形色块暗示着帆船,产生出一种速度和空间的旋律感和节奏感,追求色彩的情感表达效果,展现出一种百舸争流、千帆竞发的立体感觉,属于现代立体主义流派风格的海洋题材绘画作品。

122.《希望号遇难》有什么样的艺术风格?

《希望号遇难》是著名油画家弗瑞德利克·卡斯巴·大维(1774—1840年)于1824年创作的一幅油画。作者描绘了"希望"号探险船遭遇冰山后沉没的一角。画面以清冷的色彩,描绘了一堆边角锋利如刀的破碎的浮冰;直线与三角形的造型主宰了整个空间,笔法坚实有力,突出了物体冰冷脆硬的质感;灿烂的阳光不但不能给人温暖的感觉,反而使画面显得更加清冷;毁坏的船只只在画面右边中间部分露出极小的部分,大部分是冰冷坚硬的冰块,表达了自然对人的支配的主题,体现了画家善于描绘寂寞忧郁的独特风格;光与影的运用和谐,带有象征意味。《希望号遇难》这幅经典的表现海难题材的作品一反传统的写实风格,具有独特的浪漫主义风格,在世界绘画史上占有重要的地位。

123.《日落泰晤士河》有哪些艺术特色?

微波荡漾的水面上,归港的船只落下了白色的风帆,给人一种剪影般的艺术效果;一轮皎洁的圆月悬于画面的中央,向泰晤士河及漂浮在上面的船只洒下清冷的月光,衬托出远处圣保罗大教堂的高大与壮观。这是《日落泰晤士河》给人描绘的静谧的画面。它是英国画家吉林修·亚特金森(1836—1893年)于1880年创作完成的描绘泰晤士河的世界名画。除了色彩的独特运用外,这幅图在构图上,所描绘的除了高高耸立的垂直桅杆与平静的河水,还在画中透露出一股梦幻般的单纯和宁静,清亮的月光照亮了一切又遮蔽了一切,成为光与色运用的经典名画。

124.《起风了》是属于哪一流派的绘画作品?

《起风了》是美国绘画大师霍曼·温斯洛创作的以描绘海上生活为题材的世界名画,完成于1876年。霍曼·温斯洛于1836年生于波士顿,1910年于普洛兹内克去世。1870年,他来到了新英格兰海岸边上的小镇进行创作,在这里他运用高超的写实主义绘画技巧,真实地再现了周围的世界,被誉为美国自然主义的代表画家。《起风了》这件作品是自然主义流派的代表之作,它以细腻的色彩,真实地表现了19世纪美国渔民的海上生活。你看,海面上突然刮起了大风,海浪泛起了白色的泡沫,小船上的桅杆被风吹得满满的,棕色桅杆也显得有些倾斜,头戴草帽的三个小男孩和身着红衬衫的渔夫,都坐在帆船的右侧,试图用自身的重量把右舷压下去。渔夫和坐在船尾的男孩紧紧拽着帆船绳,中间的男孩却悠闲地坐在右边的船帮上,船头上的小男孩干脆躺在那里,两手向

《起风了》 霍曼·温斯洛(美国)

外扣紧右舷,脚上还穿着一双光洁的皮鞋。整个画面紧张而不慌乱,甚至还透露出一丝悠闲、安静的自信气氛,使人仿佛置身于夏日海中的清新空气和美景之中。

125. 霍曼的海洋绘画作品有哪些?

霍曼是19世纪末美国著名画家,他在大海边和渔民生活了30多年,海洋和渔民给了他无穷的创作灵感,他创作了百幅海洋题材的绘画作品。如《补网》(1881年)、《救生索》(1884年)、《潜水采海螺》和《大雾警报》(1885年)、《墨西哥湾流》(1889年)、《遇难信号》(1890年)、《营救遇难之船》(1893年)等,都是著名的海洋题材名画。其中,最能体现霍曼海洋题材绘画思想和艺术成就的作品是《回头浪》和《顺风》。《回头浪》是霍曼具有划时代意义

的作品。霍曼用他惯常表现大海惊涛骇浪的手法,抓住了海浪涌向岸边,又倒退入海,与海水相激,喷发出雪白浪花的一瞬间的情景,浓墨重彩地对大海尽情勾勒。在风打浪回的岸边,两名男水手和一名女护士正在连拖带拉地把一位遇难女乘客搭救回岸上。那健美有力的人体造型和奔腾的海涛构成了一幅极具惊险和紧张气氛的海上救难图。《顺风》则展示了渔民出海捕鱼的日常生活。在令人心旷神怡的海面上,渔船正乘风破浪前行。天空风云变幻,船只起伏摇荡,渔民们却平静悠闲地坐在船上,显示出一种惯于风浪、无所畏惧的洒脱和豪迈。霍曼一生画海,画海上的人们,对海洋和航海者有着特别的酷爱和深刻的理解,这使他的海洋题材绘画具有永久的生命力。

126.《南方海边的夏夜》表现的是什么内容?

《南方海边的夏夜》是挪威著名画家克洛叶·贝德·谢威林(1851—1900年)于1893年创作完成的一幅油画作品。他出生于挪威的斯塔凡格,后来成为丹麦斯恩海边艺术家社区的领导人。这幅《南方海边的夏夜》表现的是在潮水刚刚退去的海滩上,两个身穿白色长裙的女子正沿着曲折的海岸线优雅地并肩漫步前行;右边的女子头上戴着一顶黄色小帽,左边的女子则把帽子拿在手里,此刻,两人正停下脚步仿佛在低声说着悄悄话,除她们以外,海边上没有任何另外的人;海滩、大海和天空灰濛濛地融合成一片,仿佛也沉浸在她们秘密的世界里。海洋和天空清冷的蓝色浮现于地平线上,灰蓝色的沙滩和海水创造出朦胧而宁静的气氛。画面光线明亮,格调清淡,避免了强烈的色彩和深浓的明暗处理,显出作者高雅的情调。

127.《死海》表现的主题是什么?

《死海》是英国画家内希·保罗(1889—1946年)的作品,创作完成于1940—1941年间。这是内希在第二次世界大战期间创作的最具震撼力的一幅作品,表现了法西斯践踏人性的悲剧主题。他为了创作这幅作品,曾将一张在残毁的德军飞机堆集场拍摄到的照片,进行意象和视觉的拼合。在画面上你会看到,半明半暗的月亮孤独地悬在空中,没有一点生气,凄冷的月光渗入整个景致,给人一种死亡和破坏的阴森森的气氛。炸毁的舰艇等船只的残骸,支离破碎的飞机的翅膀和轮胎,像一堆骷髅杂乱无章地堆积在一起,海水也仿佛燃烧的战火一般闪着火焰的光泽,这场由人为战争造成的灾难,使广阔、静止的大海异常恐怖阴暗,强烈地表现了作品的主题。

128.《月光下的沙滩》有什么特色?

《月光下的沙滩》是比利时画家史皮拉尔特·利昂创作的经典海洋题材名画。他1881年出生于欧斯坦,1946年卒于布鲁塞尔,这幅运用墨水、水彩、铅笔创作的作品完成于1908年。乍见此画,画作上的强烈线条及宽带状的色彩层次,会让人以为它是幅抽象画,但当欣赏者逐渐习惯画作后,便可看出一片海滨沙滩景色:洒落的苍白月光照亮了拍岸的海浪和延伸入海的黑色防沙堤,月光下的大地清晰可见,简单的形式增添了无限的想象空间,给人一种悠然宁静的理性感受。当欣赏者逐渐能赏析微妙的色调变化及苍白的逐渐上升的月亮以后,画面的内容也逐渐丰富起来。在这幅作品里,画家极传神地捕捉住了月下海滨沙滩的孤寂氛围,把夜晚月光映照沙滩的效果惟妙惟肖地描绘出来。

129.《暴风雪中离港的汽船》是怎样创作产生的?

《暴风雪中离港的汽船》 透纳(英国)

《暴风雪中离港的汽船》是英国18—19世纪最杰出的画家约瑟夫·马洛·威廉·透纳创作的。透纳于1775年出生于伦敦,1850年在此逝世。他的水彩画和油画善于捕捉光影、色彩的神奇效果,从而表现出闪烁色彩中的动感,并对整个画面气氛的经营尤为独具匠心。《暴风雪中离港的汽船》描绘的是一艘处于暴风雪恶劣天气下的小船,正挣扎着努力保持漂浮出港的情景:狂风、海水和飘扬纷飞的大雪,将大海、汽船和天空野蛮地纠缠在一起,滔天的白浪似乎张开大口准备吞噬一切,只有汽船上引擎不断升起的烟雾和若隐若现的桅杆上的小旗,还在说明着汽船的挣扎与拼搏的航行状态。画面色彩丰富,构图简洁利落。据说,为了画出此画的神韵和真实的环境气氛,已经67岁的透纳还在恶劣的天气条件下,亲自从哈维驾船出航,经过四个多小时与风浪的搏斗,才艰难地把船驶到船桥,后来又多次不断地修改画作,才最终完成了这幅世界经典之作。

130.《战舰归航》如何典型地体现了透纳的艺术风格?

《战舰归航》是英国画家透纳于1819年创作的油画。画中描绘的战舰,是1805年英国海军打败拿破仑的舰队中建有战功的一艘名为"梅特雷尔"号的帆船战舰。它正被一艘使用了蒸汽机的小轮船拖回港口拆卸。这艘大帆船和小蒸汽船,一大一小,从一个侧面展现了当时英国工业革命的历史。在艺术上,这幅画典型地体现了阳光和空气所造成的色彩变化。乍看之下,夕阳西下时水光接天的景象,色彩缤纷,一片朦胧,两艘船仅显出一个模糊的影子。但仔细看,会发现由这些丰富的色调变化所形成的朦胧之中,又隐约显出物体的形象,这是透纳风景画的典型风格,为油画艺术从古典格式中解放出来,开创了一个艺术创造的新局面。

131.《海滨》的构图有什么特点?

《海滨》是英国画家瓦兹渥斯·爱德华以蛋彩和亚麻布为材料创作的一幅画。瓦兹渥斯于1889年生于克雷希顿,1949年在伦敦去世。在第一次世界大战时,他参加了英国皇家海军,负责设计掩护船只的彩绘工作,这一生活经历引发出他日后对大海和船只的狂热喜爱,并体现在他的一系列海洋题材的绘画作品中。《海滨》创作完成于1937年,表现出瓦兹渥斯高超的专业绘画能力和重视技巧的手法。在创作中,他以惊人的细腻来描绘微小的细节,技巧娴熟地用他本人亲自调制的蛋彩颜料在亚麻布上绘画。你看,画面上三根棕粉色的立柱用一条缆绳紧密地联系在一起,轮胎、船舵、浮球、桅杆、舰桥、舷梯、风帆、海星等各种航海物件,浮雕般地汇集在沙滩上,这些物件构成的怪异的几何图形,给人一种超乎一般静物的欣赏情趣;金黄的沙滩、蓝色的大海、白色的船帆、淡蓝的天空、棕粉的船舶物件和墨绿的海星,出人意料的排列方式和高度的明晰感,给人以色彩丰富而又简洁的印象,透出一种生命的活力和激情,显示出超现实主义的特征。

132.《梅杜萨之筏》的背景和主题是什么?

《梅杜萨之筏》是法国作家泰奥多尔·籍里科(1791—1824年)的伟大杰作,1818年开始创作,1819年完成并在当年的美院上展出,立刻引起了轰动。这幅充满浪漫主义气息的绘画杰作,是根据真实的历史事件创作完成

《梅杜萨之筏》 籍里科(法国)

的。1816年,法国政府的远洋轮船"梅杜萨"号航船因政府的失职在西非海岸沉没,大约150人被抛在一个临时准备的木筏上漂流,最后仅有15人生还。有感于这一历史事件,籍里科在进行了一丝不苟的生活实验和艺术调查研究之后,以高491厘米、长716厘米的巨大画幅和卓越的绘画才智,描绘了乘船失事后在木筏上挣扎求生的人们在生死存亡的危急关头,因发现远处的一艘船只,拼命挣扎呼救的情景。人渴望得救的心理与恶劣的环境造成了极具戏剧性的紧张气氛,并将垂死状态的幸存者画成了敢于和死亡搏斗的英雄。它仿佛是对拿破仑毁灭性失败的影射,为人们在艺术和生活上打开了新的视野,它几乎成了法国历史失去方向的象征。

133. 库尔贝创作了哪些海洋题材的名画?

居斯塔卡·库尔贝(1819—1877年)是19世纪法国著名的现实主义绘画大师。在他众多的绘画作品中,以海洋题材创作的名画有《海浪》(1869年)、《鲑鱼》(1871年)和《小海岬》(1872年)。《海浪》表现了暴风雨下翻卷着墨绿色波涛的大海的壮观景象。《鲑鱼》描绘了一条被渔钩钩住的垂死的鲑鱼的形象,具有高度的现实主义色彩,是受到监禁后被迫流亡的库尔贝的自画像,鲑鱼的痛苦、挣扎与画家的生活经历有着惊人的相似性。《小海岬》所体现的暴风雨的气氛与格外显著的黑色礁石,勾画了海岬的孤独形象,是1871年巴黎公社武装起义失败后,画家感情的真实写照。

134. 《划船》是如何体现幽默风格的？

《划船》是法国印象主义画家马奈(1832—1883年)于1874年完成的作品，表现的是印象派画家喜爱的乘船旅行主题。不过，马奈似乎并不特别关心光照到水上与人体上的效果和风景的表现，他的注意力集中在画中的构图与人物形象的描绘上。画面只描画了两个人，一个带着土黄色礼帽，留着小胡子，身穿白背心、白裤子的男子，正坐在船后，手把舵，脚踏橹，全神贯注地划着船，表情严肃、紧张，似乎表明他的划船技术还不十分熟练。坐在他右边的是一个头戴白色面纱，身着蓝裙的女子，她正眼盯着划船的水手，嘴里似在叮咛又像在责备着他，这一切与二人出来划船要谈情休闲的目的十分滑稽矛盾，透露出幽默的讽刺效果。

135. 为什么说《贝利海湾》是一幅典型的"色彩交响乐"？

《贝利海湾》是克洛德·莫奈(1840—1926年)的作品。莫奈是法国印象派中最主要的风景画家，也是印象派的创始人之一。他出生于巴黎，受马奈等的外光画法影响，逐步形成了印象派的绘画风格。1872年，他以《印象·日出》而闻名于世，他的风景画擅长表现光和色以及空气感，色彩漂亮明快，丰富而又和谐，充满诗情画意。1883—1884年，莫奈曾两次去地中海旅行写生，画了大量非常优美的风景画。1886年9月，46岁的莫奈又到大西洋的贝利岛去画画。在3个多月的时间画了40多幅画，《贝利海湾》就是其中的一幅。这幅画色彩非常明快、丰富。受光面和背光面的光度对比十分强烈，莫奈用了很多绚丽的色彩来表现海湾,使海岸呈现出非常丰富的色彩变化,正是从这个意义上说,莫奈的《贝利海湾》是一幅"色彩交响乐"。

136. 为什么说高更的《海边》是象征主义的作品?

《海边》是法国 19 世纪象征主义绘画大师保罗·高更(1848—1903 年)的作品,是极具装饰性的海洋生活题材的风俗画,完成于 1892 年。此时,正是高更第一次在波利尼西亚逗留期间。画面用一棵黑色的树干将画面划分成粉红和蓝绿两个部分,树干的上边一位肤色金黄的裸体女子正准备跳进大

《海边》 高更(法国)

海去洗澡。在画面的最上方,描绘了一个在海中赤裸着上身,穿着红色短裤的男子。高更就是通过这个男子与女子一起共浴的情景,象征塔希提岛上的人们没有羞怯意识,一切顺从自然,由此使这幅画具有浓郁的象征主义色彩。

137. 日本有哪些画家创作过海洋题材的世界名画?

日本是一个岛国,大海在日本人的心目中占有重要的地位,反映在他们的艺术创作中,大海也成了艺术家们经常表现和描绘的题材。其中,有不少日本的画家创作

《神奈川冲浪》 葛饰北斋（日本）

了以海洋为题材和主题的画作，这些著名的画家创作的经典性海洋绘画作品有：东山魁夷的《涞山大玉海》、葛饰北斋的《神奈川冲浪》、青木繁的《海底宫殿》、海老原喜之助的《造船人》和冈田三郎助的《海边裸妇》等。这些作品，生动地描绘了大海多姿多彩的形象，勾勒了海边渔人的生活场景，是独具特色的世界海洋绘画精品。

138.《从海岸看丹吉尔风光》有什么艺术特点？

1832年1月8日，法国伟大的色彩派画家、浪漫主义画派的主将德拉克洛瓦（1798—1863年）乘坐一艘炮舰，从法国南部的港口出发，1月24日通过直布罗陀海峡到达摩洛哥的丹吉尔港，一直到3月5日才离开这里。在此期间，他被港口迷人的海岸风光所陶醉，总想用自己手中的画笔绘出一幅海岸风光的图画。直到1858年，德拉克洛瓦才实现了这一心愿。这就是在当年创作完成的《从海岸看丹吉尔风光》。画中的前景是渔民们正把小船从海水中往岸上推,远处耸立着一座山崖,山崖的凹处隐隐约约地显示出丹吉尔市的楼房。画面的主体呈直角三角形,天空明亮,海岸深重,人物与景色结合得自然得体,显示了这幅浪漫主义的画作对古典主义的突破,即注重当代题材,重视色彩,重视对现实的真实描绘,又想象丰富,感情热烈,

德拉克洛瓦像

强烈地表达出画家的主观色彩,这些都是此画所独具的艺术特点。

139.《崖下》描述的是什么内容?

《崖下》是英国19世纪初的画家理查德·帕克斯·波宁顿创作的一幅水彩画。他1802年出生于英格兰中部的诺丁汉附近,父亲是个美术老师兼版画推销商。13岁时,波宁顿去巴黎学画,22岁就获得了"沙龙"金质奖章。《崖下》是波宁顿1828年最后一次访问英格兰时所作,画中的悬崖靠近英国南部的莱姆里季斯镇的南海岸,这里以海潮闻名于世。这幅水彩画描绘的就是这里的景象,虽然画幅只有21.57厘米长、13.97厘米高,但给人的感觉却是场面宏大,层次丰富,色彩高雅,格调和谐。画的左面是蓝色的天空和大海,右侧是悬崖,色彩单纯明

快,悬崖下画了许多小人和船只,人和船挤在一起,好像是发生了什么船祸一般,这既增加了画面的生机和动感,也为欣赏者提供了想象的余地,构图细腻、完整,显示了作者熟练的绘画技巧。创作完这幅画不久,波宁顿便因肺病死去,当时只有26岁。

140. 为什么说《格雷维尔的悬崖》具有现实主义的风格?

《格雷维尔的悬崖》是19世纪法国伟大的现实主义画家米莱(1814—1875年)的作品。米莱出生在法国西北部芒什省靠近海边的一个农民家庭,弟兄九个,他的祖母是一位虔诚的教徒,父母亲为人忠厚诚实,他从小就帮助家人在田中劳动。早年,他曾到巴黎德拉罗什画室学艺两年,但却被上层社会称为

米莱像

"野人",作品也多次被画展退回,可这一切丝毫没有动摇他绘画的决心。米莱的主要绘画作品是人物画,但也创作了许多优美的风景画,《格雷维尔的悬崖》就是这类画作中一幅优秀的作品。它是用彩色粉笔画成的,作于1870年。当时正值普法战争时期,为躲避和反对战争,米莱回到了家乡,从1870年8月到1871年11月,他画了许多以他家乡的大海为主题的画,努力表现出法国北部农村的景色和大海的美,体现出大自然的宁静和优美,以此来表现对战争的反对。这幅画就充分地表现了这一思想。一望无际的

海洋文化

大海安静地呈现在欣赏者的眼前,海边曲折有致的悬崖上,长着一簇簇充满生命力的青草,一个牧人悠闲地躺在草地上,看着远处的大海和天空,一切是那么的优美和谐而又富有生活气息,不愧是一幅世界经典海洋风景画。

141.《塞特港》有哪些艺术特色?

世界著名风景画《塞特港》是法国画家朋纳(1867—1947年)的油画作品,创作于1914年,画的是地中海利翁湾的塞特港。只见晴朗的天空中飘着朵朵白云,塞特港对岸的山峦浸透在一片蔚蓝色之中,水面上停泊着红色和白色的船,高高的桅杆直插云天。画面中物体的轮廓并不追求形的准确和逼真,但却呈现出一种单纯的整体感,给人印象最深的则是对色彩的讲究,华丽、明快、鲜艳而浓厚,极具装饰性和动感。正是此画所表现的上述艺术特色,使朋纳的绘画作品受到了当时人们的高度赞扬。

142. 为什么说《打捞者》是具有讽刺风格的海洋绘画作品?

《打捞者》是美国著名画家威廉·霍尔布鲁克·比尔德(1824—1920年)创作的一幅著名的海洋题材风景画。他出生在美国俄亥俄州佩因斯维尔的边远地区,21岁时开始离开故乡到处给人画像,直到36岁时才开始出名,1861年被选为美国美术设计院的正式院士。他的绘画题材非常广泛,人物画、风景画、风俗画无所不能,而且坚持严谨的写实风格。比尔德最著名的还是幽默题材,他用动物代表人,画了许多富有教育意义的寓言画,《打捞者》就是这一题材的代表作之一。它描绘的是在一片灰濛濛的海滩边,一艘船被风暴打沉了,船上装载的木头被海浪冲上了沙滩;画面中央一排17只凶猛的乌鸦正在毫不客气地啄食;画中一个人物也没有,黑色的乌鸦在一片灰濛濛的海滩中显得格外突出,展示给人的是一个异常凄凉悲惨的海难缩影!你也许会问,为什么沉船的"打捞者"只有乌鸦?有关当局干什么去了?正是这种联想,使这幅海洋题材的风景画显得含意深刻,弥漫出一种会意的幽默感和辛辣的讽刺意味,同时也展示了画家对题材处理和表现的高超技巧,堪称为艺术大师的经典之作。

143.《蓝色的波涛》是谁的绘画作品?

惠斯勒像

惠斯勒(1834—1903年)是出生在美国的国际印象派画家,也是西方艺术的伟大革新家。他的绘画作品造型准确、线条流畅,色彩优雅和谐,富于装饰趣味和宁静的东方艺术情调,从中使人感受到音乐的节奏感和旋律美。1898年,惠斯勒被选为世界雕塑家、油画家、版画家协会第一任主席,为他的祖国争得了荣誉。这幅画又名《蓝色与金色》,是他28岁时的作品,描绘了优美的大海景色。蓝色的大海波涛汹涌,白色的浪花在蓝色的衬托下,显得更加明亮耀眼,海边的礁石在光的照耀下,发出隐隐约约的金色,天空中云朵飞动,海浪不断地拍打着礁石,发出阵阵轰鸣声,整幅画面给人以开阔、生动的感觉,从中也让人明显地看出日本浮世绘海景对他绘画题材和风格的影响。

144.《古尔祖夫的礁石》是谁的绘画作品?

弗拉吉米尔·阿历山大罗维奇·赛罗夫生于1910年,是前苏联杰出的革命历史画家和肖像画家,同时也是优秀的风景画家。他的画造型准确,构图优美。风景画《古尔祖夫的礁石》创作于1960年,取材于乌克兰共和国克里米亚省的一个小市镇古尔祖夫。这个小镇在雅尔达东北16千米处。画家非常精细地描绘了黑海岸边的一角。画中的礁石有远有近,有大有小。远处的礁石画得细致,但不死板;近处的礁石画得概括但不含糊。在阳光的照耀下,影子呈现出冷色调;海浪温柔地拍打着礁石,激起层层白色的浪花。整幅画面明快活跃,原本普通平常的景色,在画家的笔下,却表现得十分自然优美。

145.《浩瀚的大海》抒发了画家怎样的思想感情?

《浩瀚的大海》是比利时画家詹姆斯·恩索的油画作品。恩索的父亲是英国人,恩索除了在布鲁塞尔美术学院学画外,一生都住在比利时西北部的海港城市奥斯坦德。早期绘画作品比较写实,色彩优美。晚年的作品则色彩强烈,构思独特大胆,常将辛辣的讽刺与颓废的荒诞奇异地结合在一起,给人以难以理解的恐怖情

詹姆斯·恩索像

调。《浩瀚的大海》创作于1885年,是恩索早期的作品,画法极其奔放大胆,色彩非常丰富漂亮;画面除了大海和天空以外,没有其他任何东西,画面上大海不知疲倦地翻滚着,闪耀着宝石般的色彩。恩索不再把再现自然景色视为艺术的首要目的,而着重表现的是画家的情绪和感觉,抒发了画家对大海的爱恋和敬仰之情。就像一位日本评论家所评价的那样:形成恩索气魄的是大海,为他的画布增添非凡光彩的也是大海,他的肺腑生下来就充满了大海的气息,大海是恩索绘画艺术的源泉。

146. 毕加索关于海洋题材的风景画的代表作是什么?

《地中海的风景》 毕加索

毕加索(1881—1973年)是立体派绘画艺术的创始人,也是西方现代派绘画的主要代表。他出生于西班牙,父亲是个美术教师。毕加索青年时期在马德里和巴塞罗那的美术学院学习,接受过比较严格的绘画训练。20世纪50年代,毕加索在法国南部的陶器名城瓦洛里斯设计陶器器形。瓦洛里斯位于地中海海滨,景色非常优美。漂亮的海滨风光使毕加索开始创作以前很少涉及的风景画。《地中海的风景》就是这个时期他所画的以海洋为题材的最具代表性的作品,创作于1952

年。在这幅画中,毕加索交错使用了简练与繁杂、具体与抽象、写实与变形等各种手法,线条明确有力,形体错综变化,色彩鲜艳明快,对比十分强烈。它打破了古代绘画的远近透视法,使远处的红色和近处的黄色一样清晰,整个画面洋溢着一种热烈欢快天真的气氛,成功地表现了地中海海滨城镇盛夏的绮丽风光。据说这幅画是毕加索通过画室的窗口绘制成的。

147.《海岸的小舟》属于哪种流派的绘画作品?

《海岸的小舟》是法国现代立体派著名画家布拉克(1882—1963年)晚期的作品,创作于1949年。在这幅画中,布拉克把生动活泼的大自然中的海景,完全看成是画室中的静物(在法语中,静物就是僵死的自然)。画面上所描绘的小船,不过是海边沙滩这张桌子上的古董而已,而天空和大海则分明成为地球的墙壁,无论是造型和色彩都十分主观随意,属于立体画派的作品。

布拉克像

148. 卢梭是怎样创作出《海上风暴》的?

卢梭(1844—1910年)是法国最著名的现代派画家之一。他36岁才开始正式从事绘画艺术工作,40多岁才取得卢佛尔美术馆临摹并研究古典绘画的许可证。当第一届巴黎世界博览会举办时,卢梭被博览会上展出的机械文明和各国的奇风异俗所吸引。在这次博览会上他看到了大西洋航道公司展出的汽船模型,由此产生了绘画创作的灵感,绘制了《海上风暴》这幅作品。这幅画中描绘了一只汽船行驶在海涛翻卷的海面上的情景。汹涌的海洋,令人望而生畏,用斜线笔法描绘的海上暴雨,像吊在天空的丝线一般。汽船桅杆顶上的旗帜,虽然身处狂风暴雨之中,却没有任何撕裂的迹象,令欣赏者在感到恐惧的同时,又感到仿佛是在观赏手制模型一样,分外奇特而有魅力。

卢梭像

149. 西方现代派画家中最喜欢以鱼为主题的画家是谁?

《喜歌剧〈航海者〉中的战斗场面》 保罗·克利

在西方现代派画家中,有一位特别喜欢以鱼为主题的画家,他的作品风格独特,在画坛独树一帜。你知道这位画家是谁吗?他就是保罗·克利,1879年12月18日诞生于瑞士伯尔尼的郊区,父亲是一位德国音乐家,母亲是具有法国血统的瑞士人,他的双亲都富于音乐的才能,这使他从小就对艺术产生了浓郁的兴趣。1898年,他考上了大学,在德国慕尼黑选择了美术专业。1901年冬,他出游意大利,被那不勒斯的一个神奇的水族馆所吸引,从此,鱼就成了他最喜欢表现的主题和题材。其中的代表作有《鱼的魔术》、《咬钩了》和《喜歌剧〈航海者〉中的战斗场面》等。《鱼的魔术》以黑色为背景,一张带有钟表的网正在展开,但鱼儿们仍怡然自得地游着,一个人张着魔术师般的大嘴好像要唤醒这一切,整幅画就像海底世界一样,给人以梦幻的感觉。《咬钩了》描绘的是聚精会神的父子两人,将长短不一的钓竿和鱼线伸到水底,许多鱼在游来游去,正中间一个大大的惊叹号,正对着一条巨头大嘴巴长身体的鱼,非常幽默风趣。《喜歌剧〈航海者〉中的战斗场面》,采用的是《天方夜谭》中的航海故事,描绘了辛巴达站在摇晃不止的小渔船上,将一支长矛扎进怪鱼嘴中,另两条像比目鱼似的怪鱼,随时准备向他进攻,周围是一片蓝色的海洋,整幅画显得神奇而浪漫,就像是一部童话。克利的画雅俗共赏、老少咸宜,有着广泛的影响力。

150.《逃亡大海》表现了画家的什么思想?

《逃亡大海》是20世纪现代派绘画大师、意大利画家乔治·德·基里科的绘画作品。他于1888年7月10日出生于距希腊的雅典200千米的港口城市沃洛斯,父母都是意大利人,对艺术有很深的修养和兴趣。基里科12岁时开始学画,1911年7月,他的作品开始受到毕加索的注意,从此走上画坛。在20世纪20年代,基里科创作了一部超现实主义的长篇小说,以自己为原型描写一位画家要逃离世俗社会,但不知逃向何方。有一天,他忽然得到灵感:来自何处就逃向何方,从母亲那里来就回到母亲那里去吧。这样,经过长时间的准备,基里科在1968年创作了他一生最得意的作品,就是这幅《逃亡大海》。画面的右面是圆形水池的水面,左边的水面上有一条小船在游荡,远景是大海的一部分,使人感到池水与大海好像是相连的。站在水池中的一个裸体男子在和一位穿制

《逃亡大海》 基里科(意大利)

服的男子说话,小说里的主人公在人工池里正拼命向大海划去,试图回到大海母亲那里。他虽然出发了,但又不知如何到达大海,反映了画家对"我们从何处来又到何处去"这一问题的思索和回答,有一定的哲理色彩。

151.《哥伦布发现美洲大陆》表现了哪些内容?

《哥伦布发现美洲大陆》是西班牙超现实主义画家达利(1904—1989年)创作的绘画作品。它取材于15世纪末大航海家哥伦布奉西班牙统治者的命令,亲率三艘木帆船,冒着惊涛骇浪,历经70天抵达美洲巴哈马群岛的史实。画面上出现了圣母像的旗帜、十字架、耶稣像和天上的神灵,达利似乎想借此把哥伦布发现新大陆归功于

"上帝"的安排。其中的圣母玛利亚是照他的妻子加拉写生的。新世界的偶像是利用巨大海胆式的物体表现的，

《哥伦布发现美洲大陆》 达利(西班牙)

它同时也象征着被发现后的新地球的面貌。在海胆的后方，将十字架紧紧抱于头上的是达利自己。这幅画构思精妙，技法纯熟，造型准确，给人以别开生面的感觉。

152. 1998年摩纳哥海洋博物馆绘画展有哪些珍贵展品？

1998年7月，在摩纳哥海洋博物馆举办的绘画展，吸引了无数好奇的参观者。会展上，反映海洋各种鱼类千姿百态的石版画、墨刻画、水彩画、日本丝绸纸画以及挂毯等展品，充分体现了近四个世纪以来自然主义流派的演变史。画展中最引人注目的是1550—1560年间出版的三本保存完好的著作：法国彼利埃学者隆德勒创作的《鱼书》、意大利作家萨尔维亚的《水族馆历史》和德国作家格斯纳著的《什么是鱼的本质？》。著作中的插图描

绘了鳐鱼、鱼猫及似鱼非鱼的怪物,以极其丰富的想像力展示了神秘的海底动物的形象。另外,展出的素描画中还有19世纪随同法国航海家迪蒙·迪尔维尔航行世界的勒絮尔的作品。法国广告与漫画家莫弗雷还为展览特地制作了一幅大型素描画《泰坦尼克号》,他用粗犷的笔调勾勒了一条大鲤鱼被两艘救生艇救起时雀跃的情景。所有这些展品,无一不充满了艺术的魅力。

153. 世界上最昂贵的帆船邮票是哪一枚?

世界上最昂贵的帆船邮票是圭亚那1856年发行仅一枚的面值一分的邮票。这枚邮票图案简单,洋红色纸上印着一艘黑色的帆船,还由政府官员在票面上一一签字,以防假冒。17年后,一位英国小学生到圭亚那的外祖父家翻到了这枚邮票,在和小朋友交换时,被一个邮票商用六先令买去。经奥地利集邮家鉴定,确认这枚邮票是存世孤品。1880年,这枚邮票又转到意大利集邮家傅拉立手中。傅拉立在病危前立遗嘱把全部邮票送给德国邮政博物馆。"二战"以后,德国作为战败国把邮政博物馆作为一部分赔款送给法国。法国政府立即在巴黎集邮市场拍卖这枚邮票。当时许多集邮迷诸如英国国王乔治五世都欲争购这枚昂贵的稀世珍品,结果被美国集邮家赫思德以3.8万美元购得。1980年,在美国纽约举行的《世界奇珍异宝》拍卖会上,这枚传世孤品又以高达85万美元的价格被一个不愿透露姓名的收藏家买去,加上税款等,买主实际付出近100万美元。1967年,原英属圭亚那独立后不久,专门为这枚传世孤品发行了两枚一套的纪念邮票(票中票)。

154. 海洋动物画王国的创始人是谁?

1957年出生的卫南是美国底特律人,他利用民众狂热喜爱鲸及海豚等海洋动物的心理,为自己建立了一个4000万元的事业王国,手下员工达400名。卫南替市政府大楼绘制的鲸壁画,使他成为南加州曝光率最高的画家。目前,他正忙于向好莱坞大亨推销他栩栩如生的海洋动物作品。他设立了40多家零售画廊,而且还利用国际网络和电视家庭频道促销,建立了海洋动物画王国。这些画少则50美元,高则数千美元甚至上万美元。

155. 画家能在海底进行绘画吗?

打开画夹,调好色彩,置身景色迷人的风景区,或者在环境幽雅、格调独特的画室里,挥笔作画,把大自然的美景和自己的思想感情全部融进一幅美妙的图画中,可能是喜爱画画的朋友们最高兴做的事了。因此,为了使画面优美动人,色彩逼真,许多画家登高山、看大海、画模特,千方百计地去丰富生活来提高绘画水平。可你知道画家在海底是不是也能和在陆地上一样进行绘画呢?也许你会说,画家不会游泳怎么办?颜料和画纸被海水浸泡还能作画吗?你先不用急,这些问题已经都被画家们解决了。不信你看:在2000年的夏天,马来西亚35岁的画家阿兹斯·莫哈在丁加奴的一个海域,在1名记者、2名摄影师和5名潜水员的见证下,完成了在海底绘画的壮举,成为该国首名完成海底绘画的画家。他先是背着氧气瓶沉到2.2米深的海底,在一幅81.3厘米长,61厘米宽的帆布上以蓝色的海洋为主题作画。使用的是油漆颜料,而且他觉得在海底作画并不是一件难事,特别是懂得潜水的画家来画海底真正的景色会比依靠照片来作画要好得多。喜欢游泳绘画的同学们,你想不想也成为这样一个画家呢?要知道,中国目前还没有一个画家在海底作画,你想不想成为第一个这样的画家呢?

156.《洛神赋图》是根据什么创作的?

《洛神赋图》是中国著名画家顾恺之(347—407年)根据三国时期曹植的《洛神赋》而创作的。全画共分三部分,曲折细致地描绘了曹植与洛神(传说中的洛水之神)的爱情故事。第一部分表现曹植与洛神相识相见的情景;第二部分描绘曹植向洛神倾诉爱情,洛神辞去后,鲸鲵绕车相送,车后有白色怪兽护卫;第三部分表现二人喜结良缘的欢乐场面,结构精妙,设色古雅,富有诗意和抒情气息,具有节奏感和音乐美。

157.《丹山瀛海图》描绘的是什么地方的景色?

《丹山瀛海图》是元代著名的山水画家王蒙(1301—1385年)的代表作品。这幅画以高远的视点,描绘了东海蓬瀛诸岛壮阔奇伟的景色,极富辽阔、苍茫的空间感。苍阔的海面上,大大小小的洲岛高低不平地排列着,岛上层峦重叠,高松林立;一座木桥通向岸边,桥上一人骑马通过,后面的侍童挑担缓缓随后;岛上的山间深处,楼台掩映,安栖于蓬瀛仙境,海面上帆船点点,一片浩渺无垠的海水,隔绝了仙界与凡世的通途。这是王蒙山水画中最能体现其高超技巧的代表性作品。

158.《琴高乘鲤图》描述的是什么故事?

《琴高乘鲤图》是中国明代著名画家李在的作品。据史料记载,李在是福建莆田人,生活在 1426—1485 年间,具体生卒年不详。他的《琴高乘鲤图》是根据《列仙传》中赵国人琴高乘鲤鱼入水擒龙子的故事绘成的。画面表现的是琴高辞别弟子,乘鲤鱼离去时的情景。在滔滔水浪中,一只巨形红鲤鱼半隐半现,背上驮着琴高,正准备扬头摆尾而去。骑在鲤鱼背上的琴高,头戴巾帽,长须飘飘,正扭头回望弟子。两个年纪和琴高相仿的弟子站在岸边狂风中,弯腰拱手向天,似乎在诉说祈祷平安的话语,两人身上的衣裙、帽带随风乱舞;其他的弟子目送着乘鲤而去的琴高。在这两个大弟子的身后,还有两个人,一为书生,为书童。书生正手捧书卷观望,书童则携琴以手指着琴高。整个画面给人以随风飘摇的真实动感。

《琴高乘鲤图》 李在(明)

159.《海屋沾筹图》是谁画的?

《海屋沾筹图》是中国清代画家袁江的作品。袁江是江都(今江苏扬州)人,出生年月不详,死于 1748 年,擅画山水楼台。海屋是传说中堆存用于记录沧桑变化的筹码的房间,筹是喝酒的筹码,"海屋沾筹"是说在浩瀚的大海边,在如同仙境的宫殿楼阁上,一群人在聚会,他们高谈阔论,饮酒大醉,把酒筹都沾湿了。《海屋沾筹图》表现的就是这样的内容。画面上海阔天空,巨楼巍峨,人物异常矮小,描绘出一种理想的境界,表现的是中国传统的神仙思想和画家超脱尘世的胸怀。在构图上,一座宫殿式的巨大建筑置于画面中心,并用高耸的山峰和浓密盘虬的古松作为衬托,海浪采用线勾法加以虚实变化,远处画面,数座高峰浮现在大海之中,使作品的内容与形式得到了完美的表现,不愧是山水画中海上仙山题材的精品之作。

160. 姜德兴的渔民画有什么特点?

浙江舟山渔民姜德兴是一位土生土长的渔民画家,专画渔民生活题材的作品。他的渔民画,以其独特的手法,娴熟地表现出浓郁的海岛生活气息。他的每一幅画似乎都能使欣赏者嗅出咸咸的海风和淡淡的鱼腥味。他1983年开始创作渔民画,1984年初创作的《捕海蜇》获得"浙江省首届工人农民画展"二等奖。这幅作品采用抽象和高度夸张的手法,运用色彩鲜明的强烈反差和对比效果,使平面感增强,主题突出。画面主要由红、蓝、黑三种色彩构成,一只只形态生动的海蜇布满画面。他用夸张的手法,把每只海蜇绘成大红颜色,让人感到海面上海蜇丰收的喜人景象。此后,他又创作了《扳鱼》、《打桩》、《捕鲨》、《新船》等一系列渔民画,他的作品不但在中国美术馆展出,还远赴美国、德国、日本和澳大利亚参加了"中国现代民间绘画展"的巡回展出。

海洋文化

161. "海辽"号为什么会成为人民币的正面图案？

大家如果仔细观察一下自己手中的人民币，会发现人民币的图案中很少有轮船的图案，但这并不是说人民币中就没有海轮的图案。1953年发行的草绿色5分人民币的正面图案上，就有一艘开足马力乘风破浪的大海轮，它就是"海辽"号。你也许会问，"海辽"号为什么会成为人民币的正面图案呢？"海辽"号原是香港招商局所属的一艘3400吨的货轮，在1949年5月19日被国民党列为征用船之一。当时担任"海辽"号的船长是年仅32岁的方枕流，他早在青年时就与中共地下党组织建立了联系。这次船离上海时，党组织指示他"随船离沪，待机起义"。不久，"海辽"轮上就成立了以方枕流为首的起义领导小组。经过严密的策划，在"海辽"号巧离香港关口鲤鱼门，回答信号台询问时，故意将信号灯光弄模糊，把灯语发得混乱不清。接着，他们让报务员发船舶动态假报，迷惑敌人。同时，他们将船油漆一新，改换颜色，化装成欧洲某船公司的一条船，骗过国民党的监视，终于在1949年9月28日将"海辽"号驶入解放区。此后，又有13艘国民党海轮相继起义回到祖国怀抱。为了表彰"海辽"轮这一具有历史意义的行动，"海辽"轮的形象被选作5分人民币的正面图案，以示纪念。

162. 新中国第一次发行海军题材邮票是在什么时候？

邮票被誉为国家的"明信片"，某种程度上体现了国家各行各业的成就和精神风貌，因其设计精美，图案生动，具有观赏和收藏双重价值，一直受到集邮爱好者的珍藏。在新中国成立以来发行的众多邮票中,你知道第一次发行海军题材邮票是在什么时候吗?新中国发行的第一枚海军题材邮票是在1952年8月1日为纪念建军25周年发行的纪17邮票,其中第一枚是身穿白色水兵服、持枪伫立的水兵,背景则是乘风破浪的中国人民解放军海军的炮艇舰队,威武极了。而在1955年11月3日发行的普8第九枚邮票也是海军战士,这是新中国第一位邮票设计家孙传哲设计的,他以传神之笔,勾勒了海军战士的半身像,突出了被海风吹起的披肩与飘带,给人以深刻的印象,反映了人民海军初创时的风貌。

163. 中国哪套邮票第一次出现了潜艇和导弹画面?

你是否知道在中国哪套海军题材邮票中,第一次出现了潜艇和导弹的雄伟身姿?这就是1979年10月1日为庆祝中华人民共和国成立30周年而发行的J48"国防现代化"邮票。在这枚邮票上,首次出现了潜艇和导弹的画面。在暗红色的底色上,航行的潜艇与发射的导弹,构成垂直形状,给人以充满力量的整体美感,体现了中国国防现代化建设前进的步伐。

1986年2月1日发行的T108"航天"邮票第三枚"雷震海天——潜射火箭"取材于1982年10月人民海军进行潜地导弹水下发射试验时导弹出水、直指蓝天的镜头。1997年8月1日为纪念建军70周年发行的1997-12邮票中,有两枚是海军题材的,一枚是航行中的海军主力舰驱逐舰,另一枚是海陆空联合演习的雄壮画面。

1999年4月23日是人民海军成立50周年纪念日,

海洋文化

为纪念这一节日,信息产业部发行了《中国人民解放军海军成立50周年》邮资纪念明信片。主图是航行中的曾出访美国的新型导弹驱逐舰112舰和翱翔海空的海军新式战斗机,邮资图为核潜艇和直射苍穹的潜地导弹。这是中国邮政部门发行的第十六枚有关海军题材的邮票。这些小小的邮票,让人们听到了人民海军国防现代化前进的脚步声。

164. "海"字封有哪两个系列品种?

纪念封是用邮票或明信片来纪念某一事件或人物的邮品,是许多集邮爱好者珍藏的品种之一。在众多的纪念封中,有些是和人民海军密切相关的,其中由中国人民海军有关部门发行的两个系列纪念封,尤为珍贵。一枚是军舰出访封,因贴有出访国邮票和盖有不易得到的出访国邮戳而备受邮迷欢迎。自1995年11月16日,中国人民海军132导弹驱逐舰第一次出访南亚三国以来,人民海军已进行了10多次出访,其中最难得的纪念封是首次出访封和1989年3月"郑和"号训练舰第一次赴美国夏威夷纪念封。以前出访封由海军出访单位自行制作,自1997年5月以后,由海军统一制作"海"字封,由中国集邮总公司发行,现在"海"字封截至1999年已发行了5枚,纪念事件也已扩大为海军重大事件。另一系列是外国军舰来访封,分别由军舰来访地上海和青岛海军有关部门发行,如今军舰的来访封已很难寻觅。喜欢集邮的朋友们,不知你是否珍藏有这些珍贵邮品?

165. 邮票上的海军战士服装形象有哪些变化？

从新中国海军诞生之日起，人民海军经过几十年的建设,走过了一条从小到大、由弱变强的成长历程。这一成长经历,通过小小的海军题材的邮票,形象地展示给世人。假如你仔细地看过人民海军题材邮票的话,你会发现一个有趣的变化,那就是画面除了武器装备越来越现代化以外,还有海军服装的变化。1952年8月1日发行的第一套海军题材的邮票中的海军战士,一枚是海陆空三军战士的并立形象,一枚则是穿白色水兵服、持枪伫立的水兵形象。1955年11月3日发行的普8第九枚邮票,则勾勒了海军战士的半身像,突出的是被海风吹起的披肩和飘带,反映了人民海军初创时期的服装风貌。1965年8月1日发行的特74"中国人民解放军"邮票和1969年10月1日发行的文18邮票中的"军民团结",这两枚邮票中的海军形象,已由水兵帽变成了解放帽,领章帽徽也是红领章红五星,而且都挺立于工农兵行列中,带有鲜明的"文革"时期的政治烙印。进入新时期以后,1977年8月1日发行的J20邮票上海陆空三军战士中的海军,虽然水兵帽上还缀着红五星帽徽,但身着的则是传统的白色水兵服。同年8月22日发行的J23邮票中第二枚在党旗下昂首阔步前进的队伍中,又一次出现了身着白色水兵服的普通海军战士形象。1978年8月1日发行的"向硬骨头六连学习"的J32邮票第三枚"苦练杀敌本领"中的海军战士的形象十分突出,这名身着白色水兵服的海军战士正手握冲锋枪,警惕地注视着前方。而1987年8月1

海洋文化

日发行的J140邮票的海军战士,面向辽阔的大海,双目炯炯有神,海风将水兵服上的飘带吹起,充满了阳刚之气,受到了集邮界的好评,方寸之中,展现了中国人民海军的威武形象。

166.《中国人民解放军海军成立50周年》明信片有哪些独特意义?

1999年4月23日,为纪念中国人民解放军海军成立50周年,信息产业部发行了"人民海军成立50周年"纪念邮资明信片。这张明信片由国家高级邮票设计师任国恩和海军摄影师龙运河共同设计,编号JP76。JP系列是从1984年8月1日为纪念中国运动员在第23届奥运会夺得金牌开始发行的纪念邮资片,其题材都是纪念重大事件和活动。JP76的主图前景是驱逐舰112舰,后景是乘风破浪的驱逐舰和护卫舰组成的海上联合编队,上方是翱翔于碧海蓝天的海军新型飞机。邮资图前景是遨游大洋的核潜艇,背景为水下运载火箭发射的连续镜头。这张纪念邮资明信片展示了人民海军现代化建设成就,其中的112舰"哈尔滨"是中国新一代导弹驱逐舰;邮资图中展示的海军新型飞机装有导弹瞄准火控系统、自动领航轰炸系统、导弹加温系统和新型雷达,制导能力精确,突击威力大,是海军航空兵的主要作战飞机。这套邮资明信片设计大方、构图新颖,体现了海军特色。此外,其独特价值和意义还在于:因发行前的3月1日适逢中国调整部分邮资,邮资由40分改为60分,这枚邮资明信片就成了中国第一枚面值是60分的纪念邮资片,也是中国邮政部门第一次为一个兵种单独发行邮资片,还是第一次出现核潜艇的中国邮票和第一张由军旅摄影师参与设计的邮票,而 1999 年适逢 20 世纪最后一年,国庆 50 周年、澳门回归、第 22 届万国邮联大会、万国邮政联盟成立 125 周年及 1999 年世界集邮展览和喜迎 21 世纪等盛事,其价值和意义决非一般邮品可比,因此,深受集邮爱好者的喜爱和珍藏。

167. 中国第一套以海洋为主题的邮票是哪一套?

你知道中国第一套以海洋为主题的邮票是哪一套吗?它就是为迎接 1998 国际海洋年和作为 1999 年第 22 届万国邮政联盟大会的纪念邮票而发行的邮票《海底世界·珊瑚礁观赏鱼》。1998 年 12 月 22 日在厦门举行了这套邮票的首发式。此次发行的《海底世界·珊瑚礁观赏鱼》邮票为小全张,共 8 枚,每张面值 200 分,全套面值 16 元。画面的主体是 8 种热带观赏鱼。第一枚上的叫主刺盖鱼的幼鱼,俗称"皇帝仙",鱼体紫蓝色,全身还有蓝白相间的环形条纹;第二枚上的叫蓝斑鳃棘鲈,俗称"斑刺鳃鳍",身体呈橙色,头、体和臀鳍上均匀散布着许多蓝斑;第三枚上的是蓝斑蝴蝶鱼,俗称"蓝印蝶",可身体却呈黄色;第四枚上的叫橘尾蝴蝶鱼,俗称"橙尾蝶",因为在它的尾鳍的中部有一个新月形橘色横带;第五枚上的鱼的名字才叫怪,叫马夫鱼,也叫关刀蝶;第六枚上的是千年笛鲷的幼鱼,它的身子是粉白色,头、体和尾部各有一条褐红色的纵向条带,嘴巴却是红色的,非常好看;第七枚上的鱼叫圆斑扫鳞鲀,可人们却叫它"小丑炮弹",多有意思;第八枚上的叫甲尻鱼,别看名字不好听,长得却

海洋文化

非常漂亮,它体侧有8条黑边的蓝紫色横带,全身呈土黄色,所以人们又叫它"金毛巾"。背景则是西沙群岛、蔷薇珊瑚礁和第二十二届万国邮政联盟大会会徽。这套邮票画面优美,构思精巧,色彩和谐,让人感到了一种美的享受,具有极高的观赏价值和收藏价值。

168. 中国第一部海洋专题大型画册是哪一部?

1993年,天津人民出版社出版了中国第一本海洋专题性的大型画册《海之魂》,作者是国家一级美术师高泉。高泉1936年出生,从中央美术学院毕业后,自称"个子不高,气魄不小"的他到山东大鱼岛深入生活进行创作,以充满昂扬奋发之气的《向海洋》完成了自己的毕业作品。1962年秋,他调入中国人民解放军海军,穿上了真正的水兵蓝,从此他手中的画笔与大海结下了深厚的海墨画缘。他善于运用蓝色、黑色、褐色等色调描绘富于哲理性和寓言性的大海,以体现大海的深沉、厚重、博大和恢宏。1993年他为中南海国务会议大厅绘制的长9米、高3米的巨型海洋画卷《大潮歌》,则用闪耀着金色光泽的亮丽色彩来描绘大海和霞光,一改以往的传统蓝色,却使画面更加气势恢宏,给人一种"海在胸中,神在手下"的艺术创作感。由此,他在中国以画海而闻名。他画的海大气磅礴,多姿多彩,极富生命的激情和艺术的表现力;运笔大刀阔斧而不失法度,思维精妙而干净利落,整体节奏上刚柔相济,布局错落有致,在西方油画高度的塑造能力与中国水墨画淋漓尽致的写意之间,创造出一种独特的写意表现主义的风格。

169. "中华第一舰"首次出访的纪念封是什么样的？

"哈尔滨"号新型导弹驱逐舰被誉为"中华第一舰",截至 1997 年度,先后出访了 6 国 7 港,是出访最多的一艘军舰。为了纪念军舰出访,通常会制作纪念封以资纪念。纪念封上美丽的图案、精美的印刷,独具匠心的设计和独具特色的内容,常常成为集邮者和收藏者的首选。那么,你知道"中华第一舰"首次出访的纪念封是什么样子吗？"中华第一舰"的首次出访是 1996 年 7 月,是中国人民解放军海军舰艇编队首次访问朝鲜,由"哈尔滨"号新型导弹驱逐舰和"西宁"号导弹驱逐舰组成舰艇编队。为纪念这次出访,北海舰队与青岛市邮票公司联合负责制作发行了纪念封 1 枚,发行量 3000 枚。封的左上方印有"中国人民解放军海军舰艇编队首次访问朝鲜纪念"中朝两国文字,左下方黄色舵中间的图案为中朝两国国旗,红色菱形纪念戳的图案为"哈尔滨"舰和"西宁"舰,纪念封贴有中国 1996 年发行的"鼠年"50 分邮票 1 枚,邮戳的时间是"1996.7.10",朝鲜邮票盖的邮戳时间是"96.7.14"。

170. "中华第一舰"第二次出访的纪念封是什么样的？

1996 年 7 月 26 日至 30 日,被誉为"中华第一舰"的"哈尔滨"号新型导弹驱逐舰赴俄罗斯海参崴进行友好访问,并参加俄罗斯海军建军 300 周年庆典活动。海军北海舰队和青岛市邮票公司为纪念此次出访发行纪念封 1 枚,纪念戳 2 枚。封左侧印有中俄两国海军军旗,这也是中俄海军军旗首次在邮品上同时出现,封上印有正在航行的"哈尔滨"号导弹驱逐舰。有两枚纪念戳,其中一枚是三角形,上面写有"中国人民解放军海军'哈尔滨'号导弹驱逐舰赴海参崴参加俄罗斯海军建军300周年庆典活动",并注明庆典活动时间是"1996.7.28"。纪念封发行1500枚。

171. "中华第一舰"第三次出访的纪念封是什么样的?

1997年2月20日,被誉为"中华第一舰"的"哈尔滨"舰与"珠海"舰、"南仓"综合补给舰艇组成编队,应邀出访美国夏威夷和圣迭戈、墨西哥阿卡普尔、秘鲁亚俄及智利瓦帕莱等4国5港。这是"中华第一舰"的第三次出访。为纪念此次出访共印制了两枚纪念封。一枚是南海舰队印制的"中国海军舰艇编队访问美洲四国五港纪念",另一枚是北海舰队和青岛市邮票公司印制发行的纪念封,封左上方印有"中国人民解放军'哈尔滨'舰出访北美洲、南美洲四国纪念",纪念封贴有1997年发行的"中华"邮票1张。另外,我访美编队驶抵美国本土对圣迭戈访问时,旅美华侨还专门印制了欢迎"哈尔滨"号导弹驱逐舰、"珠海"号导弹驱逐舰和"南仓"号综合补给舰访问美国本土纪念封1枚,分赠我来访官兵,也非常珍贵。

172. 《检阅》展现了哪些重要内容?

1996年,由中国美术家协会和海军政治部主办的纪念中国人民解放军建军69周年《海军万里海疆画展》,建军节期间在中国美术馆开展。悬挂在展览大厅正中的大型油画《检阅》,以恢宏的气势,壮观的场面,逼真的神态,独特的风格,真实而艺术地再现了共和国第三代三军统帅江泽民主席和中央军委其他领导1995年10月视察海军的情景,令人瞩目。中国美术界的权威刊物《美术》也在第八期上刊登了此画。那么,《检阅》展现了哪些重要内容呢?在这幅由海军一级美术师艾民有和海政歌舞团二级美术师张庆涛共同创作完成的长350厘米、高220厘米的巨幅画面中,首先映入眼帘的是军委主席江泽民,副主席刘华清、张震、张万年、迟浩田以及军委委员等26位将军和1名仪仗兵。他们都气宇轩昂地站立在现代化旗舰的甲板上,检阅着当代人民海军的严整阵容和崭新风貌。画面上人物形象描绘得惟妙惟肖,特别是对作为画面主体的江泽民主席等军委领导人的脸部表情,进行了精雕细刻,从欣喜的眺望到会心的感悟,从专注的眼神到欣慰的微笑,都细腻逼真,形神兼具,充分展现了三军统帅高瞻远瞩、坚定刚毅的神态和政治家运筹帷幄、远见卓识的品格和风度。其次,画家充分运用色彩、线条、光感、肌理、质感、构图等艺术手段和具体、写实的表现手法,以人民海军的现代化威武风采作为画面的情景烘托,使整个画面显得气势恢宏。大篇幅的现代战舰导弹发射塔的特写,豪迈雄壮;成菱形前进的舰队由远及近,巍峨壮观;歼击机、侦察机、轰炸机、水上飞机、直升机在碧空蓝天与大海间错落有致,尽显风采,由此组成了雷鸣剑腾、所向无敌的海上长城,衬托出盛大、宏伟、威武、壮观的检阅场面和震撼人心的气势与力量,表达了人民海军保卫祖国的领海主权、维护祖国尊严、完成党和人民赋予的神圣使命的坚强决心和信心。

173.《李海涛海之恋画集》有什么价值?

1996年由北京画院专职画家、中国美术家协会会员李海涛创作的《李海涛海之恋画集》由荣宝斋出版社出版。封面为已故艺术大师李可染先生题字,全精装本,共选李海涛海洋题材和沿海风光作品56件,是国内不多见的海洋专题画集。李海涛曾获得"民族优秀艺术家"称号,在国内外多次举办个人画展并获奖,近20多年来潜心钻研海洋表现手法,取得了重大成就。他深入研究中国海域的不同特点和风情变化,总结出一系列海洋表现手法,形成了自己独特的风格,成为当代中国罕有的海洋画家。李海涛用5年时间沿海行程3万余千米,深入生活搜集素材,完成了中国历史上第一部表现中国海疆全貌的作品《海疆万里图》长卷,引起国内外同行的关注和赞誉。

174. 中国第一本反映国家南北极科考的摄影集是哪一部?

1996年4月,《风雪南北极》由青岛海洋大学出版社出版发行。这是中国第一本反映国家南北极考察和自然风光的摄影集。作者是《青岛日报》社记者孙覆海,他也是中国新闻界第一个进入南极和北极两个极圈进行采访的新闻记者。在两极采访中,他除协助科学家科考和向国内发回大量文字报道之外,还以一个新闻工作者的敏锐和观察的独特视角,拍下了大量有关南北极自然风光的珍贵照片,具有很高的观赏价值。

175. 中国画《永恒》表达的是什么内容?

1972年出生的海军青年画家葛炎,在蔚蓝色的画卷上辛勤耕耘,取得了许多令人瞩目的成就,他的《渔家》、《海岛》等百多部作品先后在几十家国家级、军兵种级、省级刊物上发表,先后创作了《海岛·哨所·四季》、《舰·船·海》、《天水一方》、《军港晨曲》、《归航》等50多幅反映水兵生活的力作。他的中国画《永恒》,以恢宏的气势,炽热的色彩,奔放的笔触,酣畅淋漓地表达了水兵对祖国的赤胆忠心。你看:站在岩石中的共和国水兵,已和象征着祖国疆域的磐石融为一体;那流动着的红云,是水兵对祖国火一样的情怀;那充满张力的岩石组合,标志着共和国长城的坚不可摧和强大凝聚力;握枪的、操炮的、挥桨的、抛链的、已倒下的和继续战斗的,画家用他手中充满深情的笔,为共和国的水兵雕塑出一尊永恒的丰碑。

176.《中国海洋事业》大型画册是哪一年出版的?

由中国国家海洋局与人民画报、中国画报出版社联合编辑的《中国海洋事业》大型画册,1998年5月在北京出版发行。这部画册以翔实、生动的图片和文字,较为全面地介绍了新中国成立以来,尤其是改革开放以来,我国海洋事业发展的历程和取得的举世瞩目的成就。画册为16开本,彩色精印精装,封面烫金,共分7个部分。

177. 大型画册《黄金海岸》的内容是什么?

作为1998国际海洋年的一份厚礼,由国家海洋局、中国新闻社编辑的大型画册《黄金海岸》于1998年年底由香港中国新闻出版社出版。画册图文并茂,汇集了我国海洋管理枢纽、研究院所、海洋高等学府、港口、企业等精华,充分展示了改革开放以来,中国海洋事业、特别是中国沿海经济发展的辉煌成就,目的是让人们更多地了解海洋,认识海洋,从而更加热爱海洋、珍视海洋、保护海

海洋文化

洋,使21世纪真正成为海洋开发的新世纪,画册为8开本,全国政协副主席宋健题写书名,国家海洋局副局长陈炳鑫作序。

178. 为纪念1998国际海洋年上海制作了哪些纪念章?

为纪念1998年国际海洋年,上海宣传活动组委会特制作了一些纪念章。他们制作的纪念章有大铜章一枚,镀金纪念胸章一套以及镀金海洋小动物系列胸饰挂件一套。其中,纪念大铜章直径60毫米,正面图案为遨游于海洋中的巨鲸,背面图案采用17世纪法国著名画家普桑的《海神的凯旋》中的局部画面。创意结合文学主题,构思巧妙,不仅具有强烈的艺术感染力,而且还非常具有纪念和收藏价值。

179. 中国"海疆风采"摄影展是何时何地举办的?

中国的海岸线长达18000千米,沿岸风光迷人,景色万千,怎样才能足不出户就能饱览祖国的海岸风光呢?不用急,2000年7月15日在中国青岛市电视塔举办的中国"海疆风采"摄影展,就帮助您解决了这个问题。这次中国万里海疆摄影展从7月15日到7月31日在青岛电视塔一楼展出。其中的120多幅照片由中央党校中国万里海疆摄制组在电视系列片"中国海疆万里行"的拍摄过程中拍摄的。图片主要反映了北起图们江口,南到北沦河口,包括台湾岛在内的祖国万里海疆的秀丽景色,而其中的海底兵马俑、新石器时代遗址——石栅等照片都是第一次对外公开展出,具有相当高的艺术价值和史料价值。

海洋文化

海洋雕塑艺术

180. 世界上最早的海战图在什么地方？

在埃及美迪娜特·哈布神庙中，有一座大约创作于公元前12世纪末的浮雕，被誉为世界上最古老的海战图。它表现的是什么内容呢？原来，当时一个来自地中海的"海上民族"入侵了拉美西斯三世统治的埃及。埃及人不甘压迫而奋起反抗，双方在地中海上展开了一场大战，最终，埃及人打败了"海上民族"。这幅浮雕描绘的正是这次海战的场景。画面左侧是埃及战舰，右侧是"海上民族"战舰。埃及战舰上，水手正奋力划桨，催动战舰冲向敌人，弓箭手张弓搭箭，向敌人射去；一些英勇强壮的将士挥剑执盾，正跃上敌舰甲板拼杀；还有一些士兵从舷边探出身子，抓获落水的敌军俘虏。而此时"海上民族"一方，战舰遭到重创，尸体遍布船上海中，一片惨败。这幅最古老的海战图，不仅让我们了解到古代海战的情景，也令人们对古埃及人卓越的造型艺术而惊叹。

181.《狄奥尼索斯航海》刻画的是什么内容？

《狄奥尼索斯航海》是公元前7世纪至6世纪时期，希腊著名的瓶画家埃克斯基亚的一件精美的海洋题材的艺术珍品。相传天神宙斯和美女塞墨勒相爱，并使其怀孕，遭到天后赫拉的嫉妒。赫拉设计令宙斯弄死了情人，而塞墨勒与宙斯的儿子狄奥尼索斯得到天神赫尔墨斯的帮助重获新生，被山林女神收养长大。在狄奥尼索斯返回希腊的途中，误上了一条贼船。海盗想把狄奥尼索斯卖做奴隶，谁知狄奥尼索斯手脚上的绑绳却不解自开，从海里生出巨大的葡萄藤缠住海盗船的桅杆，拖住船只。

海盗们纷纷惊慌跳海,结果都变成了鱼。在这件黑色双耳陶杯的底盘上,一张方帆静静地垂落,一条小船弯如明月,葡萄藤的线条盘旋曲折,饱满的葡萄串装点空间。船上的狄奥尼索斯神闲气定,悠然而卧,化成鱼的海盗却在海中时沉时浮。整个画面和谐匀称,明朗静谧,它所蕴涵的象征意义,散发着诗一般的神秘韵味。

182.《萨莫色雷斯的尼开神像》描绘的是什么内容?

《萨莫色雷斯的尼开神像》是古希腊雕塑艺术中的一件精品,创作于公元前306年。尼开是希腊的胜利女神。这座神像高2米,是为了纪念萨莫色雷斯岛的征服者德米特里,在一次大海战中击败埃及王托勒密舰队而雕塑的。神像被固定在一个船头形状的台座上。虽然神像的头和手在出土时已不知去向,但仍能从其动感极强的生动体态和圆熟的雕塑技法上,想象出胜利女神的美丽和神态,充分显示古希腊雕塑艺术的魅力。

183. 为什么说丢勒的铜版画《海怪》富有戏剧性?

在西方的神话传说中,有许多是关于海怪的,他们藏身在大海中,专干抢劫人妻的勾当。德国版画家丢勒在1498年前后,就创作了一幅著名的铜版画《海怪》。画面的主体其实并不是海怪,而是被海怪劫持的美丽少女。

丢勒像

此刻,少女正回头远望岸边的山岭和城堡。她想起家中的父母,不禁悲从中来。而那个专门抢夺美丽女子的海怪,则被画成是一个头上长角的人头鱼老人,他身材魁梧,相貌丑陋,手持盾牌,全身上下闪着磷光,十分凶猛可怕。这样,年轻的少女与年老的海怪,美丽的容貌和丑陋的嘴脸,美丽柔弱的性格和粗暴凶悍的脾气,形成了鲜明而强烈的对比,非常富于传奇色彩和戏剧性。

184.《海神之子》中的海神是什么样的?

雕塑《海神之子》立于罗马亚尔比利广场的喷水池中央,是意大利17世纪著名雕塑家乔·贝尼尼于1637年创造的。海神波塞冬原本是一个非常威猛、高大的天神,须发卷曲,手持三叉戟,威风凛凛,凶悍无比。而乔·贝尼尼却把波塞冬雕成了一个老渔民的样子。在波塞冬叉开的两腿中央,卧着他的儿子小海神特里同。这位小海神长着绿色的头发、碧蓝的眼睛,上半身是人的形状,下半身则像鱼尾一样,小海神特里同一手扶着他父亲波塞冬的身体,一手高举着他那只能呼风唤雨的神奇的海螺,喷泉的水柱就从它的海螺里喷射而出。整个造型亲切生动,既有神话的浪漫,又有浓郁的现实生活气息。

185. 麦哲伦纪念碑为什么建在马克坦岛上？

在菲律宾马克坦岛北岸海滨的椰林中，有一座纪念亭，在亭子中央，竖立着一座铜碑，这就是16世纪西班牙著名的航海家麦哲伦纪念碑。它为什么会建在这里呢？1519年9月20日，麦哲伦率领船队驶离西班牙，开始了人类历史上第一次环球航行，1521年3月28日船队到达菲律宾群岛。在枪炮的威胁下，麦哲伦迫使当地总督和他签订了有利于

土著人砍死了麦哲伦

自己的贸易协定。可是，马克坦岛上的首领西拉布拉布却拒不服从命令。麦哲伦非常恼火，于4月27日带着一支60人的武装讨伐西拉布拉布，双方在海滩上展开了激烈的战斗。结果，在混战中，麦哲伦被土著人乱刀砍死，西班牙人溃不成军。后来，马克坦岛上的人慢慢知道了麦哲伦虽然是一个侵略者，但同时也是一个首次完成环球航行的人，为人类的航海事业作出了不朽的贡献。当地人为了纪念菲律宾人民反抗侵略的胜利和民族英雄西拉布拉布，也为了记载麦哲伦的死亡和纪念他环球航海的功绩，就在这昔日的古战场上修建了这样一座铜碑。

海洋文化

186. 为什么要给海豚铸造纪念碑？

大家知道，纪念碑是为纪念给人类做出功绩的人或有重大影响事件而竖立的石碑，如人民英雄纪念碑。可是，在新西兰北部的汉薄港，却矗立着一座海豚奥波·赤克的铜雕纪念碑。人们为什么要给这样一只海洋动物来铸造纪念碑呢？难道说海豚奥波·赤克也像古今中外的英雄一样，为人类做出了不朽的功绩吗？事实确实如此。奥波·赤克的确为人类的航行做出了不朽的领航功绩。

那是在19世纪的时候，由于南太平洋上的航道还没有开辟，使得大多数进行贸易活动的南北商船经过这里时，随时随地都面临着触礁沉船货失人亡的危险，人们的心中都在盼望着要是有一个经验丰富的人来给他们领航，该有多好啊！在1871年的夏天，有一天，大雾弥漫了新西兰海岸，有一艘商船在林立的暗礁中来回打旋，心惊胆战的船员们，发出一阵阵恐怖而凄厉的呼叫声："快来救救我们吧，我们快要葬身海底了！"突然，船长发现不远处的海面上有一个白点，他命令船加速追上去，哪知看到的却是一只白海豚。船长被一种奇妙的灵感所召唤，命令轮船跟着海豚前进。奇迹出现了，这条海豚竟然昂首示意，小心翼翼地带领这艘轮船穿过浓密的海雾，绕过许多惊险的暗礁，终于平安地到达目的地。当船长和船员们正想向有救命之恩的海豚致谢时，白海豚却一下子跑得无影无踪。从此，在南太平洋地区的那条航线上，来往的船只由于有白海豚的领航，一次也没发生触礁事故，海员们都亲昵地把它叫作奥波·赤克。于是，新西兰政府为此颁发了法令：任何人不得伤害这条白海豚。直到1912年8月，白海豚因辛劳过度死去。许多船员为失去白海豚而失声痛哭。后来，政府为白海豚举行了隆重的葬礼，尸体上覆盖着新西兰国旗，并在汉薄港为它建造了一座铜铸的纪念碑。现在，来到汉薄港的人们，看到海豚纪念碑时，都会津津有味地讲起白海豚奥波·赤克领航的奇迹。

187. 卡尔波的海洋题材雕塑作品有哪些？

卡尔波是法国19世纪著名雕塑家，出生于法国瓦朗西安一个石匠的家中，后迁居巴黎，在巴黎美术学院学习雕塑，他的老师是著名的具有浪漫主义风格的雕塑家吕徒。受他的老师吕徒的影响，卡尔波的雕塑充满浪漫主义激情。吕徒曾以创造《巴黎凯旋门》雕塑而闻名于世，而他于1833年展出的雕塑《玩乌龟的那不勒斯渔童》对卡尔波的创作产生了重要的影响。1856年，卡尔波创作了《听贝壳声的那不勒斯渔童》雕像。雕像是一个淘气的渔家男孩，头上戴着那不勒斯小帽，全身赤裸，蹲跪在海边的沙滩上，双手捧着一只才从海中捞起的大海螺壳，正把它凑在耳边，好像正在谛听大海的回声和海螺的倾诉一样。雕像中的男孩面部表情天真无邪，笑容顽皮可爱，表情惊喜而专注，给人一种充满天真、挚爱和欢乐的愉快感觉。这件生动的雕塑作品，是卡尔波在仔细地观察了渔民的生活后创作的，而渔家男孩谛听贝壳的构思，则正是卡尔波对现实生活的浪漫想象和抒情化艺术构思的巧妙写照。

188.《海的女儿》雕像为何屡受劫难?

《海的女儿》雕像也叫"美人鱼"雕像,是希腊著名雕刻家爱德华·埃里克森于1912年,根据安徒生的童话故事《海的女儿》中的女主角雕刻的。自从这座青铜雕像在1913年8月23日迁到哥本哈根港入口处以后,一直安放在位于丹麦首都哥本哈根朗厄里尼海滨公园附近的海滩上,成为丹麦的国家标志和象征,同时也是一件能在全人类中引出美丽遐想的旷世艺术作品。可是,就是这样一件珍贵的雕像,不但没有作为人类重要的海洋文化遗产而备受珍爱,相反,却多次遭到不幸的劫难。自这座雕像问世以来,她被人恶意地涂抹过,甚至被锁链锁住。更令人痛恨的是,1946年4月24日,她竟被人"割"去了脑袋。只是由于雕刻家埃里克森家中保存了模具,才使得雕像得以复原。而到了1998年国际海洋年时,"美人鱼"雕像又不幸地被"斩首"。庆幸的是不知是出于良心发现,还是承受不了社会舆论的压力,罪犯又悄悄地将"美人鱼"头像送回。尽管如此,人们还是担心,作为美丽象征的"美人鱼"雕像,是否还会蒙难,她在哥本哈根还能安全地生活吗?

美人鱼铜像(丹麦)

189. 达尔文铜像为什么竖立在龟岛上？

伟大的生物学家达尔文因出版《物种起源》一书,而使进化论战胜了神创论。人们为什么要把纪念达尔文的铜像竖立在龟岛上呢？原来,这和达尔文参加"贝格尔"号海洋探险有关。达尔文在他的一本厚达 800 页的《旅行日记》中,曾对他在"贝格尔"号上的海洋探险生涯作过精彩的描述。那是 1831 年的夏天,为测绘南美洲近海海域的水文图,"贝格尔"号军舰进行了一次海洋探险和考察。达尔文有幸参加了这一活动。1831

达尔文像

年 12 月 27 日上午 11 时,"贝格尔"号驶离普利莱斯的德文港,开始了漫漫航程。1835 年秋天,"贝格尔"号来到东太平洋赤道线上的加拉帕戈斯群岛(也叫科隆群岛),正是在这个奇妙的海岛上,诞生了达尔文进化论的最初萌芽。加拉帕戈斯群岛由 13 个大岛组成,距南美洲大陆 1000 千米。在这与世隔绝的天然王国里,面目古老的巨蜥拖着恐龙般的身躯在陆地上和海水里爬来爬去,奇异多姿的鸟雀遮天蔽日,巨龟驮着千百斤重负漠然于人间,鲨鱼和花脸蟹舞动着海水,叫不出名字的昆虫和鱼类各自在奇特的植被深处存身。这里是生物学家天然的资料库:岛上 735 种植物中有 228 种在其他任何地方都找不到,有 22 种爬行动物纯属"土著"。1835 年 9 月 16 日,达尔文登临此岛,令他感到惊异的是岛上遍布巨龟,最大的重达300千克,要8个人才能抬得动。船长告诉达尔文,据说当初的登访者可以脚不沾地踏着龟背行遍全岛。因为巨龟特别多,人们就称它为"加拉帕戈斯",意思是龟岛。达尔文正是在龟岛上通过对岛上各种动物的考察,萌生了他后来影响世界进程的理论即进化论的观点。后来,达尔文在结束这次考察后,就以他在龟岛上的动物考察实例为基础,写出了《物种起源》一书。人们为了纪念达尔文的这次考察之行和他对世界所作出的贡献,就在龟岛上树了一尊达尔文铜像,以表达人们对达尔文及其生物进化学说的敬意。

190.《砂锅和没开口的蚌类》有什么寓意?

《砂锅和没开口的蚌类》是比利时画家布鲁德萨斯·马赛勒(1924—1976年)于1964—1965年间,利用蚌壳、多元酯橡脂和铁皮盘制作完成的雕塑作品。它并不重视作品本身,而是看重作品背后的观念,因此,可列入观念艺术之类。只见一只大铁砂锅中,高高地堆着一堆蚌壳,粘连蚌壳和砂锅的是绿色的树脂,让人联想起有着无尽宝藏的蓝色的海洋。砂锅中的蚌壳似乎要突然爆发出生命力似的沉默地紧闭着双壳,而把砂锅盖高高地顶起,并且像是在不断地向上长。这一形象利用了"蚌类"和"模型"的双关语,有意隐喻艺术家在比利时的家乡,因为在比利时蚌类是国民特有的一种食物,同时,也形象地讽刺了比利时的中产阶级。这些都是这幅雕塑作品所深含的寓意,具有超现实主义的特色。

191.《龙虾陷阱和鱼尾巴》为什么被称为活动的雕塑?

大家经常看到的雕塑作品,不管是大理石的、青铜的,还是石头的或木头的,一般都是固定的。可是,现在又出现了活动雕塑。所谓活动雕塑是指动作或动作的印象,在艺术作品里成为不可缺少的一部分。活动雕塑的创始人是美国人卡德尔·亚历山大(1898—1975年),他于1932年创作出了第一件活动雕塑作品。《龙虾陷阱和鱼尾巴》是他在1939年利用钢丝和铅片创作出的一件世界经典活动雕塑作品。一条白色的钢丝下,用黄色底色和黑、褐相间的条纹的铅片,做出鱼的抽象造型,那些具有美妙平衡感的金属物,经过风力的旋转围绕产生了龙虾陷阱的形象;鱼不仅颜色亮丽而且风格化、图案化,挂在鱼下面的用细钢丝联结在一起的九件大小不一、形状不规则的三角形黑铝片,让人联想出鱼骸骨的形象。这些金属材料,各自缭绕成优美的不规则的圆圈,在气流的吹动下做重复的动作。卡德尔将海的意象和美丽的几何构形与优雅的感觉幽默而巧妙地结合在一起,在空气中不断以不同的速度、不同的方向升降和转动,就像海洋中的鱼儿在游动、鱼钩随海水时涨时落一样。

192. 中国海岸名胜古迹有哪些著名的书法题刻?

中国的海岸线漫长,沿途有许多颇具民族特色的诗文镌刻于山岩巨石或寺庙园林中,成为一道人文自然景观和历史景观。这其中最著名的要算在海南岛的南部,分别刻在两块遥相对峙的巨石上的"海角"与"天涯"了。这四个字气势恢宏,笔力刚健。传说出自北宋时被贬到此的苏东坡之手,旁边还有当代大诗人、书法家郭沫若的诗刻:"海角尚非尖,天涯更有天。"更早的题刻可能要数秦始皇东巡入海时,丞相李斯于山东半岛的东端勒石立碑所书的篆字"天尽头"三个字了。在广东南海的莲花峰山顶和石壁上,刻有宋代民族英雄文天祥所书的"望帝"和"终南"四个字。清道光十九年秋,民族英雄林则徐巡视澳门后,途经前山镇,曾手书《禁烟诗》和《十无益格言》各一首,镌刻于山上先锋庙旁的石头上,不幸抗战期间被日寇所毁。现代作家郁达夫到福州瞻仰为纪念抗倭名将戚继光而建的戚公祠时,曾作一首《满江红》词刻在戚公祠的一方石上,供游人欣赏。在厦门鼓浪屿龙头上,明末民族英雄郑成功当年操练水军的练武场演武厅中曾出土

海南岛"天涯"石刻

了无名氏所书的名匾,上刻"练胆"两个字。现代教育家美术家蔡元培也曾在右边巨石上刻诗一首:"叱咤天风镇海涛,指挥若定阵云高。虫沙猿鹤有时尽,正气觥觥不可淘。"日光岩上还有"闽海雄风"和"天风海涛"等充满阳刚之美的大字。由清代书法家铁宝题字的蓬莱阁内,有苏东坡所书的"登州海市"四字藏在卧碑亭内。爱国抗日将领冯玉祥手书的魏碑"碧海丹心"四个字则刻于前院的墙壁上。

当年戚继光在山海关老龙头驻防,曾手书"天开海岳"四个字,不幸被八国联军的舰炮轰毁。由明朝进士萧显所书的山海关城楼上"天下第一关"五个字,每个字高达一米多,形若蹲猊,雄壮而茂密,虽历经风雨硝烟,至今仍高挂城楼。

193. 南澳岛大潭摩崖石刻有什么意义?

广东省的南澳岛,位于台湾海峡西南端喇叭口,地处台湾、福建南部和广东东部、香港三角地域的中心地带,濒临西太平洋国际主航线,在历史上是中国东南沿海与国际交通贸易的海上重要通道和船舶集结地,早在秦汉时期,这里就是潮汕地区古代海上"丝绸之路"的枢纽,南来北往的商旅舟楫多在南澳岛停泊修船,补充淡水,候风待航,互市贸易。大潭摩崖石刻就是在这种历史背景下产生的。它位于南澳岛西部的海滩石壁上,离地面1米,石刻高2米,宽2米,其内容按刻石纪年可分为两条:右边的一条共19字,字略小,分作4竖行:"女弟子欧／七中舍井／一口乞平安／癸巳十一月记";左边的一条共21字,字较大,内容与右边一条略同,但多了凿刻匠人和"舍井"者丈夫的名字。两条石刻所刻年代分别为北宋政和三年和北宁政和五年,距今已880多年。据考古专家考证,确认其内容是航海人捐钱挖井以乞求平安的题记。这两次"舍井"而留下的石刻,正是当时海船停泊南澳的史实,是南海丝绸之路的重要历史遗迹之一。

194. "南天一柱"题刻的作者是怎样被发现的?

"南天一柱"是海南省三亚市的一处风景名胜,由于年深日久,石刻的落款风化剥蚀,字迹已模糊不清,因此,

"南天一柱"石刻出自何人之手成了历史之谜。虽有好奇者和考古专家千方百计破解,但都无功而返,这使来此观光的中外游客深感遗憾。1991年,在当地旅游部门的精心整理下,石刻的上款"宣统元年"四个字和下款"永安范云梯"五个字露出庐山真面目。虽然知道了作者,但他是何地人不清楚。因为"永安"也可解释为"永久安宁"的意思。1996年夏,在广西蒙山县政协的大力帮助下,这一历史之谜被破解。原来,"南天一柱"的题刻者范云梯,是永安州(今广西蒙山县)水窦村人,清同治三年(1863年)生,先后在海南为官十多年,德政清廉,深受百姓拥戴。宣统元年,他出任崖州(今三亚市)知府,正值帝国主义列强瓜分中国之际,他苦心经营海南岛,期望海南岛能成为支撑祖国河山的一根擎天玉柱,于是便在古崖州海滨巨石上,题刻下"南天一柱"四个箩筐大的不朽大字,字迹遒劲,笔法端庄,以表达其治理海南的雄伟志向和一腔爱国情怀。如今,这一巨大的物质和精神财富每天都吸引着无数游客到此观光、留影。"南天一柱"的形象和精神将永留人间。

195. 北洋海军昭忠祠碑刻是何时何地被重新发现的?

天津北洋海军昭忠祠是中国最早由官方所设的抗日民族英雄纪念地之一,专祀在甲午海战中阵亡的北洋海军将士,建成于1898年。1938年,侵华日军将祠中建筑及碑刻悉数损毁,直到1998年才在这处抗日纪念地遗址附近发现了十余件石雕、残碑。经考证,其中三块精雕细刻的大型汉白玉石座被认定是昭忠祠的碑刻。新发现的三块均为长1.3米,宽0.8米,高0.6米的石座。石座造型硕大,榫槽宽深。浮雕纹饰均以水波纹为主,间有鱼、虾、蛙、蚌等多种水生动物和搏浪击水的蟠龙,符合官方所立大型纪念性石碑的仪范,其镌刻技法也符合清末流行的匠刻特征。如今它已成为教育青少年勿忘国耻、爱国奉献的好教材。

196. 群雕《鉴真登岸》中的人物都是谁?

唐朝的鉴真和尚是今扬州市人,是佛教中南山禅宗鼻祖。他16岁就到扬州大云寺做沙弥,21岁在长安名刹实际寺受佛教最高具足戒律,掌握佛教的经、律、论等"三藏"经典,学问渊博,被佛坛称为"独秀无论,道俗归心",名扬海内外。在唐玄宗天宝元年(742年),日本天皇盛请鉴真去日本传戒。为了促进中日两国人民友好往来和文化交流,他带上弟子祥彦、思托等21人开始了漫漫东渡

《鉴真登岸》群雕

征程。前几次均告失败。唐天宝七年(748年),鉴真率弟子及日本学问僧荣睿、普照等高僧35人第五次东渡。鉴真一行起航不久,就遭遇台风暴雨,师徒众人沉浮于大海汪洋之中,一直漂流到南海,在振州(今海南省三亚市南山附近)登岸。他们在这里驻歇了一年多,修造了大云寺宝殿,传播佛教文化,第二年乘船返回扬州。天宝十二年(753年),鉴真第六次东渡日本成功,在日本国讲律布法10年,成为日本国律宗的祖师,并在奈良县东大寺设立授戒场所,成为日本第一个授戒师。唐广德元年(763年),鉴真圆寂于日本唐招提寺。为了纪念鉴真东渡,在中国最南端的滨海旅游城市三亚,距离"天涯海角"不远,集海景、山景、石景于一体的山海奇观处,当地有关部门建立了一座大型花岗岩群雕像《鉴真登岸》。周围山海相衬,令雕像栩栩如生,那个神态端庄、身披袈裟、双手平抱胸前的就是鉴真,他右边的是日僧荣睿,左边的两个是弟子祥彦、思托,那位高举左臂的则是日僧普照。

197. 首届中国国际沙雕大赛在何时何地举行?

沙雕是大地雕塑艺术的一种,材料就是大自然中的沙子,不允许使用任何化学涂料、电动工具和支撑物,全凭艺术家的双手把一盘散沙塑成各种艺术造型,被称为是"速朽艺术"。由中国人民对外友好协会、国家旅游局主办的首届中国国际沙雕大赛暨首届中国舟山国际沙雕节,于1999年9月26日到10月2日,在舟山举行。来自墨西哥、荷兰、美国、苏格兰、新加坡、加拿大、丹麦等10支外国参赛队,同来自中央美术学院、中国美术学院、四川美术学院、上海大学美术学院及香港、澳门等10支国内参赛队,参加了两个金奖的角逐。本次沙雕大赛的主题是"和平与新世纪"。英格兰选手尼哥尔·泽比拉创作的《两个不同的世界在此相聚》获外国组冠军;四川美院曾岳创作的《宝莲灯——劈山救母》获国内组冠军。

198. 中国最高的海上观音像在什么地方?

1999年12月,海南三亚市开始兴建一座108米高的海上观音像,这是最高的海上观音像。建造海上观音像将会形成规模宏大的南山观音文化苑,该苑由上海华东建筑设计研究院承担总体设计,占地面积近30万平方米,2001年全部建成。南山观音苑由五部分组成:屹立南海之中的108米高的南山观音圣像、像底6000平方米建筑面积的圆通宝殿和直径120米的金刚洲及面积6万平方米的观音广场及广场两侧的主题公园。

199. 什么是鱼灯?

在中国农历正月十五元宵节这一天晚上,全国各地的人们都会吃元宵,耍龙灯。在沿海渔区人们还要耍鱼灯,鱼灯与龙灯、马灯、狮灯等交融一起,相互媲美,组成了热闹非凡的灯会。据考证,鱼灯这一民间艺术始于明末清初。每当新春佳节之际,渔民都以"鱼灯"为道具,配上音乐、锣鼓,时而盘旋起舞,时而腾挪跳跃,舞姿优美,曲调悠扬,具有浓郁的乡土气息,风格独特,形式简单、易于表演,深受渔民喜爱并世代相传。鱼灯的种类很多,以常见的鱼类作为鱼灯的造型,如鲨、鲳、鲫、鳗、鲭、鲐以及大黄鱼、带鱼、对虾、蟹等。同时,渔区的民间艺人还根据传说塑造出现实生活中并不存在的"神鱼灯",以兽面

（虎、豹、狮、象、犀牛、麒麟、金龙等）、鱼身合二为一的形象出现。这种"神鱼"或龙头鱼尾或狮头虾尾，随意组合，用竹篾扎成鱼的骨架，用纸裱其面，描上颜色，鱼腹中装上蜡烛（现有的用电池和小灯泡）。渔村男女青年手擎各种"神鱼灯"，唱歌跳舞，祈盼来年丰收，并以激昂、高亢和强烈的舞蹈动作表现人类征服大自然的决心和斗志。鱼灯舞以锣鼓伴奏为主，配以唢呐、笛子、二胡等乐器，在热闹的鼓乐声中，由"鱼神"开道，率领鱼子龟孙、虾兵蟹将轻歌曼舞，绕场一周，然后"鱼神"高居舞场中央，接受"众鱼虾"的朝拜，然后进入狂舞。渔民利用民间武打的弓步、马步和鱼跃虾跳的动作，表演出一套套追鱼、捕鱼、吃鱼的场面，情趣盎然。尤其是虾公鱼婆一捕一溜，动作笨拙，十分滑稽，常引得观众开怀大笑。

200. 我国历史人物雕像最高大的是谁的雕像？

郑成功雕像

在美丽的海滨城市厦门，位于鼓浪屿东南部的复鼎岩上，屹立着一座高达15.7米的花岗岩雕像，它就是民族英雄郑成功的雕像，这是我国目前历史人物雕像中最高大的一座。雕像中的郑成功身穿战袍，头戴帽盔，左手握剑，右手倒背，独步海边，凝目沉思。1985年，为纪念郑成功收复台湾的伟大业绩，雕塑家时宜等人创作了这一巨型雕像，用大块面、长直线处理,以花岗石粗犷有力的质地,表现出雕像的刚性和力度。人们来到这里,自然会联想起郑成功收复台湾的壮举:清顺治十八年(1661年),郑成功披甲执剑,亲率将士,历经艰难险阻,在台湾登陆成功,历经8个多月的战斗,终于赶走了荷兰侵略者,收复了我国神圣的领土宝岛台湾,实现了祖国河山的统一。

201. 为什么把"中华白海豚"作为香港回归的吉祥物?

人们肯定还记得1997年7月1日那令全中国人民为之激动的时刻,香港终于回到了祖国的怀抱,百年雪耻,今朝梦圆,中国人的脸上流下了激动和喜悦的泪水。不知道你是否注意到,作为香港回归吉祥物的"中华白海豚",也同样成为人们喜爱的对象。你瞧,它躯体浑圆,全身呈乳白色,点缀着细小的灰黑色斑点,腹部和尾部是诱人的粉红色,张着的小嘴仿佛也发出了笑声,特别是它那双又黑又圆像宝石一样镶嵌在头部两侧的小眼睛,精灵有神,模样娇美,特别惹人喜爱。中国的海洋生物那么多,为什么偏偏把中华白海豚作为香港回归的吉祥物呢?这是因为,首先,中华白海豚是生活在海洋里的珍贵动物,它是目前世界上仅有的两种白海豚之一,分布在自然条件优越的厦门港和珠江口一带。香港正好也是一个离不开海洋的重要海港城市,这一点正应其景;其次,中华白海豚名字中有"中华"两字,寓意香港是中华民族不可分割的一部分,理应回归祖国;再次,中华白海豚喜欢群居,表现出强烈的"家庭观念",而这一习性,又恰好表达了港人渴望回归祖国大家庭的心情。

202. 《惠安女》雕塑有什么特点？

福建惠安女雕塑的原型是惠安女。它特指以奇特的服饰、奇异的婚俗闻名海内外，并居住在以崇武半岛为中心的崇武古城和大岞、小岞、东岭一带七个乡村的惠东女子。惠安女最与众

城市雕塑《惠安女》

不同的是她们的服装。她们头戴黄斗笠、包花头巾、佩银腰带、着短上衣、穿大筒裤，配上精巧艳丽的簪花为传统服饰，在蓝天碧海之间，不仅跟自然景观相得益彰，而且构成当地秀丽的风景线，表现了独特审美意趣。厦门城市雕塑《惠安女子》以极其抽象的艺术手法，以三块呈"几"字形的石块，简练地塑造出了头戴斗笠的惠安女子的传统形象。

203. 为什么有些国家的国旗或国徽上有海洋的形象？

大家知道，国徽是国家的标志，国旗则是国家的旗帜，一般由宪法规定。如我国的国徽，中间是五星照耀下的天安门，周围是谷穗和齿轮。国旗是五星红旗。可是，有些国家的国徽或国旗上却以海洋的形象作国徽或国旗的图案，你知道这是为什么吗？原来，国徽或国旗上有海洋形象的国家和这个国家的民族，大多与海洋息息相关，海洋在这个国家的形成或民族命运的发展过程中，有着

极其重要的作用和地位,海洋的形象已经深深地烙在这个国家人民的心灵深处。因此,许多国家的国徽或国旗选择海洋的形象,赋予了海洋特定的精神内涵和文化意义,它所象征的意义也都是经过国家认定的特指意义,是不允许更改的。

204. 欧洲哪些国家的国旗或国徽上有海洋的形象?

欧洲一些濒临海滨的国家或岛国,长期以来和海洋休戚与共,因此,许多国家的国旗或国徽上有海洋的形象,并以此作为这个国家或民族某一方面的象征。如素有"地中海心脏"之称的岛国马耳他,它的国徽就是灿烂阳光照耀下的一艘具有马耳他风格的渔船。这艘渔船的前部绘有古埃及植物神和尼罗河水神奥西里斯的眼睛,表示渔船出海后会得到神的保佑,而船上无人无帆无桨,奇特的高高翘起的艄艋显得古朴而又神秘。马耳他的国旗则是红白相间,白色象征纯洁,红色则象征着勇士的鲜血。为什么会是这样呢?相传在1090年的时候,一个名叫罗杰的人漂洋过海来到马耳他岛,率领他的

西班牙国徽

追随者赶走了从阿拉伯来的统治者,罗杰从此深受岛民欢迎。为了答谢岛民,罗杰从自己的三角旗上撕下红、白两种颜色的一角,留为纪念。后来,红色和白色就成为马耳他制定国旗的基色。同样,拥有悠久航海历史的西班牙,其国徽的主体是盾和王冠,两侧各立着一个大力神银

柱,分别代着西班牙海峡的直布罗陀和莱昂岛。在银柱的红色饰带上,则写着一行文字:"海外还有陆地。"由此可见西班牙历史与海洋的密切关系。而瑞典的蓝地十字国旗,原本是瑞典国王的私人用旗和皇家海军军旗,直到1906年才正式定为国旗。具有悠久航海历史的大西洋海岸国家葡萄牙的国旗上,有一小半绿色,表示对葡萄牙航海家和骑士勋章获得者亨利亲王的敬意。葡萄牙国旗和国徽上的图案,是一个古老的航海仪,即金色的浑天仪,象征葡萄牙航海家利用浑天仪,走遍天涯海角进行全球航海探险和对新大陆进行开拓的非凡历史功绩。

205. 哪些非洲国家的国徽上有海洋的形象?

位于大西洋东海岸的非洲国家加蓬共和国,它的国徽是两只黑豹扶持的盾牌,牌上绘制的是一艘飘扬着加蓬国旗的多桅帆船,给人以威严而又神秘的感觉,它有什么意义呢?原来,它不仅象征着加蓬以航海贸易为主的经济命脉,而且,其帆船乘风破浪扬帆远航的形象,也象征着加蓬人民争取民族进步的决心。利比里亚的国徽上,则是一艘张满风帆的船只,象征着获得自由的黑奴乘坐这样的船只从北美回到故乡,在天空中飞翔的两只洁白的鸽子,则象征着自由与和平。有印度洋上的"一把钥匙"之称的毛里求斯,位于马斯克林群岛,其国徽上就有一把红色的钥匙,标志岛国的重要地理

利比里亚国徽

位置；同时，国徽上还绘有一只双艉楼、弧形底、配有桅顶横桁和桅桨的金色帆船，象征海外贸易。塞舌尔共和国的国徽上，是一片蓝天白云下的海洋，海中的两座岛屿象征着塞舌尔的国土由两组岛屿组成；海上行驶着一艘白色帆船，象征着塞舌尔的渔业经济；国徽上还绘有一只类似海龟的玳瑁，国徽两侧还各有一条大旗鱼。此外，突尼斯、坦桑尼亚、莫桑比克等国家的国徽上，也有大海的形象，你了解它们各自的象征意义吗？

206. 大洋洲、美洲哪些国家的国徽或国旗上有海洋的形象？

大洋洲上的国家，可以说是和海洋关系最密切的海洋国家或海洋民族，国徽上有海洋的形象是再顺理成章不过的事情了，像基里巴斯、西萨摩亚、斐济、所罗门群岛等国家的国徽上，都有着非常鲜明的海洋形象。如斐济国徽上有一艘独木舟，代表南太平洋上古老的交通工具。所罗门群岛的国徽上绘有鳄鱼和鲨鱼，代表岛屿周围的动物。

美洲大多数国家，由于自然地理上的原因，他们的国旗或国徽上都有海洋的印迹。像巴拿马、巴哈马联邦、巴巴多斯、多米尼加、伯利兹、厄瓜多尔、哥伦比亚、格林纳达、加拿大、萨尔瓦多、圣卢西亚、苏里南、乌拉圭、古巴等国，它们

海地国徽

的国旗或国徽上大都有大海帆船海洋生物等图形。如加

拿大国徽上有一条蓝色绶带,上面有加拿大格言"从大海到大海",代表了加拿大西临太平洋,东靠大西洋的特殊地理位置。圣卢西亚国徽上有条白色饰带,上面用拉丁文书写着:"在此下锚,就意味着安全。"海地的国徽与国旗的主体部分是同一个图案,图上是一角海岛,地平线上有两艘战舰悬挂三角红旗,岛上面左右各有一只铁锚。美国的国旗在1776年北美独立之前有多种旗帜,其中有的绘着海獭和象征海员的铁锚,有的绘着蓝色来象征海洋。1775年,约翰·曼利舰长在军舰上升起了美国第一面带有五星的旗帜。当时,它上角有13颗五角星,中心是一个海蓝色铁锚,锚上写有"希望"一词。可见,它们这些国家与海洋有着多么密切的关系。

海洋文化

海洋音乐经典

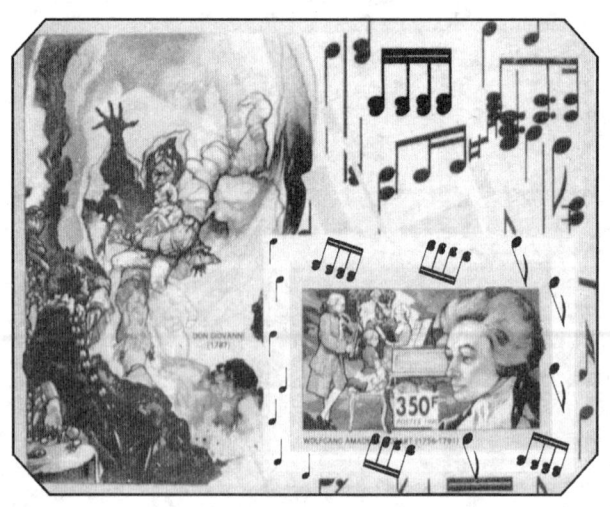

207. 古希腊早期的海洋音乐作品有哪些？

人类最初的船歌虽然现在已经无法听到，但是，人们可以想象，伴随古代人类海洋生活的开始，海洋音乐就已经萌芽了，这不仅是古代航海者对美的追求，也是其完成航海活动的必需。如划船荡桨时协调水手行动一致的号子；把人们从海洋船舶上繁重的体力劳动中解脱出来，以获得休息和娱乐的海上船歌；先民祭祀上天和海神的宗教活动的舞蹈，都可以看作是人类早期的海洋音乐作品。古希腊三大悲剧家之一的埃斯库罗斯，曾以公元前480年希腊舰队击败波斯舰队的萨拉米斯大海战为题材，创作过名剧《波斯人》；欧里庇得斯也创作过《美狄亚》、《腓尼基少女》等剧作。这些剧作或直接描写海洋生活，或以海洋神话和沿海城市人民生活为内容，可以看做是早期海洋音乐的重要内容和主要作品。

208.《创世纪》是怎样讴歌海洋的？

在1796—1798年间，著名交响乐和四重奏大师海顿完成了对清唱剧《创世纪》的谱曲。《创世纪》是剧作家莱徒雷根据弥尔顿的名著《失乐园》的第三章改编而成。剧本叙述的是上帝如何创造天地万物，如何创造海洋的故事。音乐家海顿以一种光明、欢乐的基调，充分运用音乐的描写性段落，展开丰富的想象，发挥其单纯质朴、和谐流畅的艺术风格，充满激情地赞美人间万物，讴歌海洋的诞生。海顿在这部乐曲中洋溢的乐观浪漫情怀和音乐创作上的新颖表现手法，成为后来许多作曲家此类题材音乐创作的灵感源泉。

209. 《罗马四名泉》是给哪位海神谱写的赞歌？

意大利的罗马是一座被华丽喷泉装饰的古老的世界名城，号称"罗马四名泉"的四座喷泉中的特里同喷泉和特莱维喷泉，都雕刻有海神的形象。意大利作曲家莱斯庇基的代表作《罗马四名泉》，就是专门为海神特里同谱写的赞歌。这主要体现在音乐的第二、三部分。这部音乐的第二部分名叫《清晨的特里同喷泉》。特里同是海神波塞冬的儿子，也是一位小海神。他长得人首鱼尾，绿发蓝眼，遍体的鳞片闪着耀眼的光芒。特里同的一只手像他父亲海神波塞冬那样握着三叉戟，另一只手则高举着一只能够呼风唤雨的神奇的大海螺。这段音乐开始时，欢快嘹亮的圆号从整个乐队快速的节奏中脱颖而出，仿佛海神特里同和水神纳伊耶多出现在清泉旁一样。在圆号、木管、竖琴的合鸣中，海神和水神们的欢呼声、叫喊声、追逐嬉戏声，响成一片，歌声舞姿令人欢快愉悦。接着，乐曲进入第三部分，也就是《正午的特莱维喷泉》。在铜管乐辉煌的奏鸣中，音乐由欢快转为庄严，就像中午的阳光照耀着海面一样。海神特里同再次出现，低音弦乐奏出波光摇曳的情景，英国管和大管则以庄严的形式吹奏着海神的主题，仿佛海神特里同携着海仙女们，乘坐金马车正驶过海面，逐渐远去。莱斯庇基创造的丰富的海神音乐形象，充满浪漫乐观情绪，充分表现了作曲家和当时的人们对海洋生活的某种理解和向往。

210. 莫扎特创作了哪几部著名的海洋音乐作品？

莫扎特（1756—1791年）是举世闻名的音乐大师，一

海洋文化

生创作了许多世界名曲。你知道莫扎特创作的海洋题材的音乐作品是哪一部吗？这部音乐作品是莫扎特25岁时创作的三幕歌剧《伊多墨纽斯》。这是一个古老的海洋神话，讲的是著名的特洛伊战争结束后，曾率领80艘战舰前来参战的克利特岛国王伊多墨纽斯准备凯旋，当他的船队航行到地中海中央时，海面上忽然狂风呼啸，浪高千丈，暴风雨异常猛烈，舰队危在旦夕。在这生死存亡的时刻，伊多墨纽斯向海神波塞冬求救，发誓如能救他和舰队脱险，他上岸后，就把见到的第一个生灵献给海神做祭品，海神于是停息了风暴，伊多墨纽斯和他的舰队也顺利返回了克利特岛。而伊多墨纽斯上岸后见到的第一个人，竟是来迎接他的儿子伊达曼。怎么办？献出王子伊达曼，伊多墨纽斯将会永远失去自己的儿子；不献出去，又违背了当初对海神波塞冬的誓言，这样会引来海神波塞冬更大的报复。伊多墨纽斯思来想去，左右为难，最后，他还是不忍心杀死王子，并让伊达曼远避他乡。这一切被海神波塞冬知道了，于是，波塞冬立即兴风作浪，要让大海吞没整个克利特岛。面对此景，王子伊达曼为了拯救家园，决心挺身而出慷慨赴死，就在他勇敢地走向祭坛的时候，暗中一直深爱着他的特洛伊公主伊利亚一下子扑了过去，并愿意以自己的生命交换她所爱的人的生命。公主伊利亚对爱情的忠贞和勇敢行为感动了狂怒暴躁的海神波塞冬，他下令风息浪止，一切又重新归于平静。在人们的欢呼声中，伊达曼和伊利亚登上了王位，成为克利特岛上的新主人。音乐家莫扎特在这部作品中充分展现了他的音乐才华，全剧始终处在戏剧性冲突之中，国王伊多墨纽斯内心充满矛盾痛苦,王子伊达曼对生命与爱情的渴望和对死亡表现的英勇气概,海神波塞冬的愤怒咆哮和海上波翻浪涌的景象,构成了笼罩全剧的悲壮气氛,而在柔美的音乐旋律中所隐含的坚定的音乐形象,又表现出纯洁美丽的伊利亚公主为了爱情而献身的勇敢精神和美丽动人的形象。正是公主和王子的精神力量征服了不可抗拒的海神,同时,也表现了莫扎特对人类敢于同海洋自然力进行斗争的乐观精神的肯定。

211. 门德尔松是怎样创作出《芬格尔岩洞序曲》的?

在北大西洋赫布里底群岛上,有一个奇妙的岩洞,是以苏格兰民间传说中的英雄芬格尔的名字命名的。这一天,20岁的德国音乐家门德尔松(1809—1847年)来到岩洞前,映入他眼帘的笔直峭壁上那些直立着的管形岩柱,就像巨大的管风琴;深邃的海岛岩洞内空旷深幽,每当海浪拍击岩石时,岩洞内就发出巨大的轰鸣,声音可以传达数里之外。大海与岩洞的鬼斧神工,强烈地震撼着这位德国作曲家年轻的心灵,当他向家人和朋友讲述他当时的感触时,深感用语言是难以进行描述

门德尔松像

的。于是,他坐到了钢琴前,随手弹了一串音符,以此来记录和描述他的所见所感。后来,在这些乐句的基础上,门德尔松创作了后来饮誉世界的著名管弦乐曲《芬格尔

岩洞序曲》。乐曲一开始,门德尔松就把海岸拍击岩岸的第一主题呈现给听众。紧接着,木管以舒缓悠扬的旋律描述了海风徐来的情景。岸洞内的回声则显示出第二主题,充满孤寂、遥渺的宁静之美。然后,小提琴又用震音衬托着大提琴和大管显示出如歌的副部主题,飘动的旋律就像人们起伏的思绪一样。那优美和谐的旋律,完整严谨的结构,向人们描绘出波光闪动的大海,清新平和的海风和悠然远逝的岩洞回声,使人宛若听到深山古寺撞响的暮鼓晨钟,令人陶然入境,无限神往。

212. 拉赫玛尼诺夫写过哪些海洋音乐作品?

拉赫玛尼诺夫像

拉赫玛尼诺夫是19世纪末期俄国著名的作曲家。在他众多的音乐作品中,也有一些是以海洋为表现内容的。同以往那些讴歌海洋便把主要创作内容侧重于表现海浪、海风、海洋动物、舰船和航海者等的音乐作品不同,拉赫玛尼诺夫的音乐作品则只是突出表现海岛主题,在他的一生创作中,这样的音乐作品主要有两部:一部是他的代表作,也就是交响诗《死岛》;另一部是借英国诗人雪莱的诗意创作的《小岛》。和其他描写海洋风光的作品不同,拉赫玛尼诺夫在《小岛》这首G大调歌曲中,并没有刻意描绘大海的狂暴动荡,而是毫不夸张地突出一个"静"字,表现了海洋温柔静谧的迷人魅力;在大海的柔波中,小岛像处女般安静悠闲。海风轻拂,流云淡淡地飘在碧蓝的天空中。透过平静、安详、时段时续、连绵环绕起伏的乐声,使人们仿佛进入到一种诗化的神奇自然之中,给人以静谧深远而又超拔脱俗的艺术享受。

213. 西贝柳斯的海洋音乐代表作是什么?

西贝柳斯(1865—1957年)是芬兰著名作曲家,他15岁的时候开始学拉小提琴。那时,他经常到海边去练琴,大海的涛声和海的气息深深地印在他的脑海中,并表现为一种深沉的对于家乡和大海的眷恋。23年以后,西贝柳斯创作了他海洋音乐的代表性作品,这就是《D小调小提琴协奏曲》。这首乐曲的第一章,就像一幅芬兰北部海湾的风景画,在这由音符绘就的音乐画面上,天空幽暗,暮色降临,远处时断时续地传来一阵阵海浪拍岸的声音。一位远方的行吟歌

西贝柳斯像

手在岸边点起篝火,在火光的映照下,和着海水的涛声,唱着沉郁苍凉的歌。乐曲第二乐章的场景,也是在海边,那是作者对自己童年生活的回忆,慢速的柔板中,西贝柳斯仿佛又回到了15岁的少年时代,正用琴声倾吐着自己对家乡和大海的感情,和大海这位人类的母亲交流着内心的秘密。正因为如此,西贝柳斯的《D小调小提琴协奏曲》成为世界海洋音乐中一首海洋名曲。

214. 名曲《海上风暴之夜》的主题是什么？

大家都认识"回"这个字，如果用这个字做谜面，让你猜一个世界著名作曲家的名字，那么，你知道这个作曲家是谁吗？也许你已经猜出来了，他就是挪威著名作曲家格里格（1843—1907年）。那么，你知道格里格在他创作的众多音乐作品中，最著名的海洋题材音乐是哪一部吗？1874—1876年间，格里格为挪威戏剧家易卜生的著名剧作《培尔·金特》配乐谱曲，并把这部配乐诗剧中的部分曲子编选成两部管弦乐组曲，即《培尔·金特第一、第二组曲》。在《第二组曲》中，格里格以浪荡怪人培尔·金特历尽沧桑后，在回乡的路上被风暴困在大海中的情节，写了《海上风暴之夜》这首海洋名曲，成为世界音乐史上描绘海洋风暴作品中的佳作。乐曲一开始，就以力度极强的音符突出了海上风暴的主题，随之而来的狂风也在音乐旋律中奔突，汹涌的大海在弓弦间波翻浪涌，仿佛让人感到惊涛骇浪扑面而来；在乐曲的中部，木管和弦乐再次渲染出海上狂风巨浪的威武气势，其间还夹杂着电闪雷鸣。大海的力量无可阻挡，风暴的冲撞摧枯拉朽，海洋那暴君般否定一切的形象在格里格天才的音乐艺术表现下一览无余。在大自然的威慑下，人的力量、追求与幻想显得异常脆弱。在音乐的最后部分，格里格用一串木管孤寂而单

格里格像

调的长音,表现出培尔·金特的海船和他的梦想一起沉入海底的最后结局。格里格在《海上风暴之夜》这首乐曲中描绘的海洋,蕴涵着深刻的象征意义,具有一种宿命的生命美感,不愧为全面、深刻地描写和讴歌海洋的世界名曲。

215. 法国哪位作曲家创作了以海盗为主角的歌剧?

海盗是人类最古老的海上犯罪组织,他们杀人越货,无恶不作,特别是在帆船航海时期,海盗是航海者最大的威胁,并成为中外海洋艺术作品中最突出的邪恶角色。法国作曲家埃罗尔德(1791—1833年)一生创作过许多乐曲和歌剧,但艺术成就最高、流传最广的,是他根据法国剧作家迪韦里埃(1787—1865年)的歌剧剧本创作的歌剧《赞帕》。赞帕是横行在西西里岛的一个海盗。有一次,他抓住了美丽的西西里少女阿尔比娜,并将她凌辱致死。阿尔比娜的父老乡亲怀着无比悲痛的心情,为少女树起了一座雕像。没想到赞帕这个时候又卷土重来,还当众拿出所谓的"结婚戒指"往阿尔比娜雕像的手指上套。不料雕像竟抽回手臂,抗拒海盗的污辱。过了不久,恶习不改的海盗赞帕又绑架了当地一位老人做人质,要求老人用他美丽的女儿卡美拉做交换。美丽善良的少女卡美拉为了救父亲,毅然决定嫁给赞帕。结婚那天,机智的卡美拉在恋人阿方索的营救下逃出了赞帕的魔爪,恼羞成怒的赞帕马上去追赶,恰巧又经过了阿尔比娜的雕像前。这次雕像又一次复活,紧紧地抓住仇人赞帕,最后与这个恶贯满盈的海盗一起,沉入了大海深处。作曲家埃罗尔德在这部歌剧中,以富于变化的音乐表现手法,借鉴西西里当地民间音乐的艺术特色,用美妙动听的音符勾画出西西里岛人们海洋生活的画面,充满诗意地表达了正义终将战胜邪恶的主题。

216. 歌剧《奥伯龙》讲的是什么故事?

韦伯像

歌剧《奥伯龙》是德国作曲家韦伯(1782—1826年)创作的三幕歌剧,讲述的是一个离奇曲折的海洋、海难、海盗和爱情的故事。传说查里曼大帝麾下有一个叫胡昂的骑士,英勇无敌,在一次决斗中失手杀死了查里曼大帝的儿子。于是,查里曼大帝做出独出心裁的判决,如果胡昂能赢得巴格达公主雷齐亚的爱,就赦胡昂无罪,反之就杀了他。这时,正好妖王奥伯龙和妖后吵了架,他们发誓只有遇到一对真正忠于爱情的人间情侣才能重修旧好。为了达到这个目的,妖王帮助胡昂克服重重困难,最终赢得了巴格达公主雷齐亚的芳心。正当胡昂带着雷齐亚渡海回乡时,为了考验这对恋人是否忠贞不渝,妖王奥伯龙又作法弄沉了胡昂的船,使一对恋人漂到一座荒凉的海岛上。胡昂和雷齐亚本以为可以在这里获得暂时的安宁,不料,海岛上又杀出一伙海盗,将二人擒获,并把他们两人卖给了突尼西亚总督。总督一见雷齐亚,就被她的美貌倾倒,而总督的妻子竟也同时爱上了胡昂。但忠于爱情的胡昂和雷齐亚同时拒绝了夫人的诱惑和总督的威胁。恼羞成怒的总督和夫人非常嫉妒二人的爱情,准备要处死他们,就在此时,胡昂吹响了妖王奥伯龙给他的魔号,妖王赶来救下了胡昂和雷齐亚,一对恋人终于走到了一起,而妖王奥伯龙夫妇也尽弃前嫌,重归于好。这部歌剧充满了轻快活泼的神话色彩和欢乐生动的喜剧气氛,浓烈的海洋气息与浪漫情调跃然于耳,多次出现的独唱、重唱和多曲式的音乐勾画出一幅幅以海洋为背景的优美的爱情画卷。

217. 芭蕾舞剧《海侠》中的海盗为什么备受喜爱?

一提起海盗,人们就会想到满脸凶气、身强体壮、脸上有一道刀伤、腰中插着短刀或短枪、满嘴粗话的形象。但是,凡事不能一概而论,总会有例外,艺术作品中的海盗形象也不是一成不变的,海盗偶尔也被塑造成勇敢英武、敢爱敢恨、受人欢迎的形象。1815年,英国诗人拜伦的叙事诗《海侠》被搬上芭蕾舞台后,阿道夫·亚当为它谱曲,乐曲刻画的海盗康拉德就是这样一个形象。乐曲描写年轻的海盗首领康拉德爱上了被俘获的渔家姑娘米多拉,但海盗副首领毕尔帮托也被米多拉的美貌倾倒,他心怀巨测,设计暗害康拉德,并将米多拉卖给当地总督。但康拉德最终击败了毕尔帮托,救出了米多拉,两人一起扬帆远去,过上了美满幸福的生活。该剧上演后,一直在世界各地流传,原因就在于康拉德并不是单纯地以海盗身份出现,而是以爱情战胜邪恶的化身出现,同时也由于机械航海时代的到来,海盗已逐渐开始退出历史舞台,人们对海盗海上犯罪的恐惧,已经逐渐变成一种具有浪漫传奇色彩的回忆,《海侠》恰巧在此时诞生,因而它受人们的喜爱也就是顺理成章的事了。

218. 歌剧《非洲女》讲述的是什么故事?

五幕歌剧《非洲女》是德国作曲家梅耶贝尔(1791—1864年)的代表作,反映的是15世纪地理大发现时代海上冒险者的生活。有位叫法斯科的海军青年军官爱上了海军中将迪亚哥的女儿伊妮丝,而中将迪亚哥却贪图权利和财富,打算把伊妮丝嫁给国王的近臣、贵族彼得洛。为了促成这桩肮脏的政治婚姻交易,迪亚哥下令让法斯科率军舰去寻找"新大陆"。然后,迪亚哥又撒谎说法斯科在海上遇难已死,骗女儿伊妮丝嫁给彼得洛。出乎迪亚哥的预料,法斯科率领的舰队不但真的发现了一块"新大陆"而且胜利返航归来,同时,法斯科还把印第安女王塞丽卡作为一个特殊的俘虏带了回来。中将迪亚哥的谎言于是被拆穿,他恼羞成怒,又把法斯科和印第安女王塞丽卡关押在一起。谁知塞丽卡此时已深深地爱上了法斯科。无耻的贵族彼得洛不但要抢走法斯科的恋人伊妮丝,而且还要窃夺法斯科发现"新大陆"的功劳。为了达到这个不可告人的目的,他决定对法斯科杀人灭口。为了营救恋人,伊妮丝毅然决定嫁给彼得洛,从而让法斯科脱离险境。法斯科脱险后,立即驾船出海去追赶恶棍彼得洛,不料两人的船都遭到印第安人的伏击,双双落入印第安人之手,正当印第安人决定处死这对仇人俘虏时,女王塞丽卡突然宣布:她准备嫁给法斯科。就在法斯科与塞丽卡的婚礼上,法斯科突然得知伊妮丝还活着,他当即丢下女王去寻找,结果法斯科和伊妮丝又被双双捉回。女王塞丽卡被这对恋人忠贞不渝的爱情所感动,于是她下令让他们离去。望着他们相依相爱远去的帆影,绝望的印第安女王塞丽卡来到一棵有毒气的树下,殉情而死。作曲家梅耶贝尔以精湛的音乐才能,对寻找与开发"新大陆"的血腥历史给以鲜明的表现,对人性善与美进行了真挚的歌颂,对爱情中的丑与恶进行了深刻的揭露,展现了欧洲殖民时代丰富的社会生活画面。

219.《漂泊的荷兰人》音乐是由谁创作的?

《漂泊的荷兰人》是德国作曲家瓦格纳(1813—1883年)根据德国诗人海涅的小说创作的三幕歌剧,作曲全部由瓦格纳完成,并于1843年新年之际,在德累斯顿市歌剧院上演。《漂泊的荷兰人》是一曲海上漂泊者的命运咏叹调。歌剧讲的是一位荷兰航海者发誓要完成绕好望角的长途航行,为实现这一理想,他宁愿终生漂泊海上,魔王听到他的誓言非常恼火,罚荷兰人终生浪迹海上,每七年才可以登岸一次。但是,如果他能得到一位真心与之相爱的姑娘,魔王的咒语就会自行失去作用。于是,荷兰人开始

《漂泊的荷兰人》海报

了无数个在海上日夜漂泊的生活。有一天,他的血红色

海洋文化

的帆船驶进了一个挪威港口,遇见了挪威船长兰托的女儿森塔,两人一见钟情。荷兰人期盼森塔与自己真心相爱,从此结束没有归期的航程。可是,事与愿违,他发现猎手埃里克也在热烈地追求着森塔。荷兰人大失所望,打算驾船离去。这时,森塔追到了海边,向他倾诉爱情,荷兰人也把自己的身世遭遇告诉给了森塔,她奔向海边,纵身跳入海中。这时,荷兰人的红帆船也沉入波涛之中。在晚霞的光辉中,海天相连的地方隐约可以看到这对恋人的灵魂紧紧拥抱在一起。歌剧以戏剧式的情节展示了人性与自然和大海相抗争的命运主题。为了表现这一精神内涵,瓦格纳充分运用歌剧应综合美术、戏剧和音乐的原则,从歌剧的序曲开始,乐队就推出大海咆哮的背景,海上的风暴、漂泊者的孤独、水手们的互相呼应把听众带到对海洋、对人生、对命运的深刻感悟之中。当看到荷兰人与森塔的灵魂拥抱在一起时,大海也仿佛被人性的挚爱所征服和感动。

220. 创作海洋题材音乐作品最多的作曲家是谁?

在古今中外著名的音乐作曲家中,有许多是写过海洋题材音乐作品的。你知道哪一位是创作海洋题材音乐作品最多的作曲家吗?他就是19世纪俄国著名的作曲家里姆斯基·柯萨科夫(1844—1908年)。他从小就酷爱海洋,迷恋音乐,加上他长期的海上生活和对音乐的创作天赋,使他创作出许多海洋题材的美妙音乐。如著名的声乐套曲《海滨》,交响组曲《舍赫拉查德交响组曲》(又名《天方夜谭》)以及七幕歌剧《萨阔特》等,无一不洋溢着浓郁的海洋气息。其中《萨阔特》取材于俄国民间叙事长诗。相传在很久以前,伏尔加河畔有一位民间艺人,叫萨阔特。他心地善良,富有同情心,见到人民生活贫苦,决心到海外为穷苦人寻找幸福。萨阔特在海边弹起古斯拉琴,悦耳的琴声打动了海神的女儿沃尔霍娃公主。她帮萨阔特寻来三艘大船,让他扬帆驶向远方。在航行途中,萨阔特遭遇风暴。海神示意萨阔特的船队,如果要使船队平安,必须拿出一人作为祭品献给海神。让谁作祭品献给海神呢?只见萨阔特挺身而出,投身海中。幸运的是,他没被大海吞没,而是来到了海

柯萨科夫像

神的宫殿,并和公主沃尔霍娃结了婚。幸福的萨阔特不禁为美丽的公主和自己的甜蜜爱情高声歌唱起来,不料,萨阔特宏大的歌声震动了海水,海面上波涛陡起,顷刻间船沉人亡。海神非常生气,下令萨阔特离开公主立刻回到家乡去。新婚永别,使公主沃尔霍娃悲痛欲绝。在送别萨阔特的途中,公主在伊曼湖畔化成了沃尔霍夫河,让自己对萨阔特的爱就像河水一样,永远流淌在人间。这部充满海洋气息的歌剧上演时获得了巨大的成功。此后,作曲家里姆斯基·柯萨科夫还将歌剧中的插曲改编成管弦乐曲和小提琴、长笛协奏曲,其中的《印度商人之歌》广为流传,后人还根据这部歌剧拍成了电影。这也许是多年的海军生涯和音乐天赋对他的美好馈赠吧。

海洋文化

221.《春之海》是日本哪位音乐家创作的？

在日本,有个叫宫城道雄(1894—1956年)的盲人音乐家,出生于日本本岛港城大阪湾畔。他七岁的时候,不幸双目失明,幼年时期在濑户内海泛舟时的所见所感,成了他心中永恒的记忆。他凭着自己敏锐的听觉和音乐家天才的创作力,创作出筝和日本民间乐器尺八的二重奏名曲《春之海》。这部乐曲充分发挥了古典乐器韵味隽永的特色,白浪蓝海,鸟唱鸥鸣,弦歌船声,在跳荡的音符间闪烁,表现了濑户内海平静而秀丽的景色,表现了盲人音乐家宫城道雄对海洋的无限向往和挚爱。此曲一出,立刻传遍海内外,法国小提琴演奏家鲁涅·舒梅还将这部《春之海》改编成小提琴与筝的二重奏。

222.《乘风破浪》是怎样创作出来的？

世界音乐作品中,有一首海洋题材音乐作品,从它诞生那一刻起,就被人们喜爱和到处传唱,而且从圆舞曲到钢琴曲、口琴独奏曲和管弦乐曲,不断地被加以改编,这就是脍炙人口的世界著名海洋名曲《乘风破浪》,曲作者是墨西哥青年音乐家罗萨斯(1868—1894年)。说起这首名曲的诞生,实在是非常有趣。那是在1891年的夏天,23岁的罗萨斯耐不住酷热的煎熬,就和伙伴们去马格达莱河游泳。凉爽的河水冲刷掉了身上的暑意,使罗萨斯感到无比清爽,精神不禁为之一振。仰卧在岸边的水中,任河水温柔地轻拂过身体,耳边倾听着流淌的河水发出的潺潺水声,心旷神怡的罗萨斯无意间哼出一串无比美妙动听的音乐旋律。他的朋友们听到后,都被这音乐声惊呆了,催促着罗萨斯赶快写出来。受到朋友们的鼓舞,罗萨斯凭着惊人的记忆力和超人的音乐天赋,把这串旋律发展成一首圆舞曲,并给它取名叫《在泉水旁》。当罗萨斯重新把这首曲子完整地演奏给朋友们听时,朋友们完全被迷住了,他的一位诗人朋友认为这支曲子不只属于泉水的清流,它仿佛让人们看到了一只航船正迎着风、张满帆,在波涛起伏的辽阔海面上疾驶而来,浩瀚海洋的宽广气势和航海无忧无虑、自由自在的浪漫情调,交相回荡在其间,好像人们正迎风站在船头一般。朋友们于是建议罗萨斯将曲名改为《乘风破浪圆舞曲》。罗萨斯高兴地接受了朋友们的建议。可是,此时的罗萨斯已经是贫困交加,他不得不以17戈比的代价将曲谱卖掉,而且不久以后,罗萨斯本人也在贫病中过早地离开了人间。这首《乘风破浪》广为传唱,这也许是人们对罗萨斯最美好的怀念吧。

223. 肖邦的《C大调夜曲》是怎么创作出来的?

肖邦(1810—1849年)是波兰著名作曲家,在他短暂的生命历程中,写了许多闻名世界的名曲,其中的《C大调夜曲》就是肖邦众多音乐作品中以海洋为题材的最著名的一部乐曲。这部音乐作品是怎样被创作出来的呢?那是在1839年2月的一个夜晚,肖邦和法国女作家乔治·桑在结束了瓦尔德莫萨修道院中的苦难生活之后,登上了一艘从西班牙马略卡岛驶往法国的海船。轮船在大海中静静地前行,肖邦和乔治·桑依偎在船舱中,温情脉脉地注视着星光下的大海,仔细聆听着二月的海浪流过船体的声响。忽然,一串轻轻的歌声传入肖邦敏感的耳朵之中。原来,这是轮船舵手无意间的自由哼唱。然而,这段质朴无华、略带沙哑的歌声,在肖邦听来却是那么美妙动听,病弱的肖邦内心蕴含着的灵感被猛然点亮,他立刻拿出笔和乐谱纸,就在飘摇的简陋船舱中,一串串音符像奔腾不息的海水一样,喷涌而至,肖邦就是在这样的条件下,创作出了世界海洋名曲《C大调夜曲》。乐曲先以摇曳的旋律音型在低音区的起伏,衬托出海船正乘风破浪航行的情形;而高音区丰富的和声又描绘出月光下面闪烁不定的波光水影。此时,出现了水手纯朴动人的歌声,这歌声反复回环咏唱,与航船的旋律交相呼响,直到航船渐行渐远时,水手的歌声仿佛还在海天之间飘荡萦绕。整个音乐给人一种略带伤感的诗一般的意境和韵味,经久不散,令人回味无穷。

肖邦像

224. 哪些国家的国歌中写有海洋的内容?

大家知道,国歌是由国家正式规定的代表本国的歌曲,如我们国家的国歌是《义勇军进行曲》,一听到那嘹亮、激昂的旋律,每个中国人都会情不自禁地热血沸腾,爱国之情油然而生。其实,每个国家的国歌都是和这个国家的历史、地理等因素密切相关的。世界上有许多国家濒临大海,有着海洋民族的特点,因此,在他们的国歌中,有不少是写有海洋的。你知道哪些国家的国歌中写有海洋的内容吗?这其中最著名的可能要属丹麦的国歌了,丹麦的国歌叫《克里斯蒂安国王挺立在高高的桅杆旁》。那是在1644年7月1日,瑞典海军入侵丹麦,丹麦国王克里斯蒂安四世亲自指挥丹麦海军迎战,在今天波兰北部波罗的海沿岸城市科尔堡附近,彻底打败了入侵的瑞典海军。为了纪念这一伟大的胜利,人们后来就把丹麦剧作家埃瓦尔德的名剧《渔夫》中的一段唱词,定为丹麦的国歌。歌中唱道:"克里斯蒂安国王挺立在高高的桅杆旁,烟雾迷茫,急挥宝剑砍在哥德人的船舵和脑袋上,敌舰纷纷葬身海洋……你使丹麦繁荣富强。啊,蔚蓝的大海,大敌当前要严阵以待,轻蔑足以招祸害。你奔腾咆哮意气骄,啊,蔚蓝的大海。"除此以外,巴拿马、秘鲁、圭亚那、洪都拉斯、特立尼达和多巴哥、智利等国家的国歌中,都对大海进行了描绘、讴歌和赞美,大海成了这些国家国歌中最有生命力的精神象征和民族性格的象征。

225.《蓝色多瑙河》是怎样诞生的?

1867年初,维也纳到处是悲哀、沉闷的气氛,人们还未从一年前惨败给普鲁士人的战争创伤中苏缓过来。为了使人民重新振作起来,约翰·施特劳斯(1825—1899年)接受了维也纳男声合唱协会的指挥赫伯特的请求,创作一部充满生命活力和爱国热情的合唱圆舞曲。作曲家从匈牙利诗人卡尔·贝克献给维也纳的一首诗歌的结尾:"在那多瑙河边,在美丽、蔚蓝色的多瑙河边……"获得了乐思灵感。1867年2月13日,在为修建舒伯特纪念碑的义演音乐会上,这部作品以男声合唱形式首次公演。半年后,不带合唱的管弦乐曲《蓝色多瑙河》在巴黎的世界博览会上演出,这首旋律欢快、凝聚着维也纳人热爱故乡的深情厚意的歌曲,令当时许多移民外地的维也纳人热泪盈眶,被誉为是奥地利人在世界各地的无形身份证。后来诗人盖内尔特另填新词,流传至今。一听到《蓝色多瑙河》的旋律,人们就会情不自禁地唱起:"蓝色波涛,滚滚向前,它穿过群山,又流过平原,像一条缎带银光闪闪,从那黑森林、奔腾入大海,送去问候、送去祝愿。"

约翰·施特劳斯像

226. 意大利歌曲《划船歌》采用的是什么旋律?

意大利有一首家喻户晓的《划船歌》,由焦·罗西尼(1792—1868年)作曲,它的词作者已无法找到,但是这并不影响这首节奏鲜明的歌曲的传唱。你听:"用力划,用力划;用力划船桨,用力划,用力划,穿过海浪;用力划,用力划,美丽姑娘们在前方盼我们快返航。用力划,用力划,我们放声歌唱美丽家乡好风光;用力划,用力划,待到航船靠岸,亲人就会来身旁。用力划过这茫茫海洋,越过这海洋,待我们船儿胜利返航,我们欢呼,我们歌唱。"这么富有力量的歌曲,你知道它采用的什么旋律吗?原来,意大利作曲家焦阿基诺·罗西尼于 1829 年为他所作的四幕歌剧《威廉·退尔》写了一首序曲。序曲共有四个部分。第四部分《进行曲》就像一首瑞士军队的骑兵进行曲,呈现出骏马奔驰、蹄声踏踏的典型节奏,这首《划船歌》就是采用《进行曲》的音乐主题填词并改编成合唱曲的。在世界各地的《划船歌》

焦·罗西尼像

当中,像这样用进行曲作音乐主题的不多见。你知道还有别的划船歌也是这样的吗?

227. 成田为三创作的歌咏海洋的歌曲是哪一首?

成田为三(1893—1945 年)是日本著名的作曲家,早年曾留学德国。他在 1918 年创作的《海滨之歌》既是他的成名作,也是他的代表作,是日本著名的歌咏海洋的歌曲。每当人们的耳边响起《海滨之歌》这优美动人的旋律,就仿佛置身美丽的海滨,清新迷人。因此,它不仅成为日本各演出团体的保留曲目,传遍全球,而且还被正式列入中学二年级的音乐教材。经我国词作者林古溪(1875—1947 年)填词后,流传我国各地。歌中唱道:"清晨我独自一人在这海滨彷徨,心中不禁回想起往日的好时光。海面上阵阵清风,吹动漫天白云,只见波涛拍打海岸,贝壳闪烁银光。故人难忘的身影涌现在我心上。啊,一片清淡的月色,冷漠的星光。深夜我独自一人在这海滨游荡,一阵海风卷起浪花,湿透了我衣裳。啊,我这忧郁的人啊,总在苦苦思念。啊,我心中的故人,如今你在何方。"旋律优美而略带忧伤,许多人在海滨会情不自禁地哼唱起这首歌。

228. 印度尼西亚民歌《星星索》是什么意思?

《星星索》是印度尼西亚马达民歌,抒发了年轻的小伙子渴望同心爱的姑娘相聚在一起的真挚感情,节奏舒缓,就像恋人无尽的情思。可你知道在歌词中多次出现的"星星索"是什么意思吗?原来,在印度尼西亚北部苏门答腊岛上的马达族人居住的地区,有一个著名的多巴湖,是恋人们经常划船约会的地方。"星星索"是划船人划船时随桨起落节奏的哼声。歌中唱道:"星星索,星星索。呜喂,晨风轻吹着我的船帆,小船在湖面随波荡漾,送我到姑娘住的地方。星星索,星星索,你不要把我牵挂在心上,悄悄等待我回到你身旁。你纯洁的心永远炽热似火。姑娘,你就像东方初升的红太阳。呜喂,晨风轻吹着我的船帆,送我到姑娘住的地方。星星索,星星索。"

229. 德国歌曲《罗雷莱》是怎样诞生的?

欧洲有一条著名的河叫莱茵河,它从瑞士中部流经德国进入北海,在它流到根城和科布伦城之间圣高尔附近,右岸有一座高约130米的悬崖,名叫罗雷莱岩,莱茵河流经崖南,自东向北拐弯,撞击出巨大的声响,因此又名"声闻岩"。这里流湍浪急,暗礁密布,不知有多少过往的船只在此触礁沉没。这处险境后来被德国诗人布仁塔诺编出一段美丽动人的传说:罗雷莱是一个人身鱼尾的妖女,每当夕阳黄昏,她总出现在悬崖上,一面梳理她金色的头发,一面唱着迷人的歌曲。来往的船夫被她的歌声所迷惑,忘记行船,以至触礁覆舟身亡。由此罗雷莱成为德国著名的一个传说,许多诗人、作曲家为她创作优美的歌曲,其中最有名的是德国大诗人亨利希·海涅于1823年写的一首抒情小诗,作曲家弗利特里希·希尔歇(1789—1860年)在海涅作品的基础上,以独特的民谣风味,创造了一个梦幻迷人的意境。歌曲的旋律优美抒情、平稳流畅,唱至最后,给人一种"余音袅袅、三日不绝"之感。从此,这首歌传遍了全世界。歌中唱道:"也不知为什么原因,我竟会如此惆怅;有一个古老的传说,我心中念念不忘,那晚风多么清凉,莱茵河静静流淌,在河畔有一座悬岩,岩顶上映着夕阳。有一个美丽的少女,出现在悬崖顶上,她梳着金色的头发,全身都焕发金光,唱一首悦耳的歌曲,这歌声婉转悠扬,那旋律充满魅力,使人们心仪神荡。一船夫驾一叶小舟,出神地听她歌唱,他不看水里的暗礁,只看着金发女郎。那小舟终于被撞碎,葬身于滔滔波浪。只听得罗雷莱的歌声,还在那空间回响。"你听,这歌声是多么优美迷人啊。

230. 德彪西是怎样创作出管弦乐曲《海》的?

法国作曲家兼钢琴家德彪西(1862—1918年),就像航行在现代音乐海洋中的舵手,他创作的世界管弦乐名曲《海》打破了西欧浪漫音乐传统的河堤,将东方五声音阶的洪流,引进西方世界,又拆除了和声、节奏规则的藩篱,让心灵的音符自由跳跃在《海》的旋律中,既描绘了真实的大海,又勾勒了他内心所体验到的人生大海。无论是黎明到正午的明暗对比,海浪嬉戏的诙谐乐句,还是风与海对话的响鸣与狂啸,在灿烂音响的色彩背后,筑起了绚丽无比的音乐的彩色空间,从而激起众多敏锐心灵所蕴藏的情感浪花。德彪西是怎样创作出这首名曲的呢?原来,他欣赏印象派画家莫奈的《印象日出》,又喜爱浪漫派画家泰纳的海景画,而

邮票上的德彪西和《海》

日本画家葛饰北斋的《神奈川冲浪》更令他陶醉不已。少年时期在法国南部看到的旖旎的地中海风光,特别是他后来在布根第海、英国杰塞岛海滨和伊斯堡的观海经历,更是被直接写进《海》中。他借海的回忆与描绘抒发他自己在人生大海沉浮漂泊的心灵体验,是关于嗜血岛旁美丽的海、海的游戏和风与海的对话的三首交响素描的总汇。《海》的创作从1903年夏天起,直到1914年2月总谱才全部定稿,10月15日在巴黎首演并获得成功。

231. 哪首管弦乐是披着神秘面纱的海洋音乐?

俄罗斯作曲家里姆斯基·柯萨科夫(1844—1908年)创作的管弦乐曲《天方夜谭》,一问世就以其神秘的东方色彩而家喻户晓。一般人们认为他的这首音乐取材于阿拉伯神话《天方夜谭》故事,可是,一旦揭去这层神秘面

纱,这首乐曲就显示出了实在的海洋音乐的特色。为什么会是这样呢?这和作曲家的生活经历有关。1844年3月出生的里姆斯基·柯萨科夫,从小就喜欢音乐。18岁那年,他从彼得堡海军专校毕业后,乘训练舰"阿尔马斯号"进行了为期三年的远洋训练,经挪威、英国,然后横渡大西洋,在美国纽约登陆,后来又南下南美巴西,然后折返地中海,先后经过西班牙、法国、意大利,最后回到俄国。长达三年的海上生活,为他日后创作表现海洋的音乐积累了丰富的生活经验。他于1888年创作的《天方夜谭》分《海洋与辛巴达的船》、《卡伦德王子的叙述》、《青年王子与公主》、《巴格达城的宴

柯萨科夫与管弦乐《天方夜谭》

会,船舶撞在立有青铜骑士的岩石》四个标题,在四个乐章中,多次出现海洋的主题旋律。因此人们认为里姆斯基·柯萨科夫的《天方夜谭》不过是将高加索民谣,加上自己年轻时大量的航海见闻,再披上《天方夜谭》故事的神秘面纱包装而成,洋溢的则是对海的如诗如画的描绘和深情的赞美与讴歌。

232.《我的波尼》是一首什么样的歌曲?

"波尼"在苏格兰语中是"美丽"的意思,这也是苏格兰女性常爱取的名字。《我的波尼》是一首传统民歌,最早起源于开拓海洋航运事业的年代。那时,常年漂泊在

茫茫大海上的水手们,为了度过寂寞单调孤独的时光,常常唱起这首思念亲人的海洋歌曲,并传遍了全世界。作者的生平和国籍现在都已无法确认,一般认为它是苏格兰民歌或英格兰民歌,也有人认为它是德国民歌或美国民歌,原曲是三拍子的,音调略带感伤。歌中唱道:"我的波尼在大海对面,我怎能和她相见;波尼在大海对面,把她带回我身边。风儿你吹过海面,这大海一望无边,风儿你吹过海面,把她带回我身边。我昨夜昏昏入眠,竟梦见她离开人间。那风儿已吹过海面,把她带回我身边。回来、回来,把波尼带回我身边;回来、回来,把她带回我身边。"深切地表达了水手和恋人苦苦不得相见的感伤,不过,在通信发达的今天,人们则是带着欢乐的情绪来唱这首感伤忧郁之歌。特别是国王的"波尼 M"演唱组将它配上迪斯科节奏后,这首感伤忧郁的歌变得具有很强的流动冲击感。

233.《桑塔·露琪亚》歌唱的是哪个海港?

在意大利西南部有一个叫拿坡里的港口,它是意大利仅次于热那亚的第二大港。这里风光旖旎,海水碧蓝,是欧洲著名的游览胜地。传说圣露琪亚是拿坡里的守护神,因此,当地人就用这位守护神的名字来命名拿坡里的一个海湾,意大利语读作"桑塔露琪亚"。从此,这里就成了拿坡里的一颗明珠,许多拿坡里歌曲都提到过这个露琪亚,《桑塔·露琪亚》成为一首雅俗共赏的名曲。歌中唱道:"看晚星多明亮,闪耀着金光,海上微风吹,碧波在荡漾;在银河下面,暮色苍茫,甜蜜的歌声,飘荡在远方。

在这黑夜之前,请来我船上,桑塔·露琪亚。看小船多美丽,漂浮在海上,随微波起伏,随清风荡漾;万籁皆寂静,大地入梦乡,幽静的深夜里,明月照四方。在这黎明之前,快离开这岸边,桑塔·露琪亚。"多美妙的歌曲啊!难怪许多大歌唱家都把它列为自己的演唱曲目,可它的词作者却已无从查找了。

234.《蓝色的雅德利亚》歌唱的是什么地方的海洋?

《蓝色的雅德利亚》是南斯拉夫达尔马希亚的地方民歌,经俄国作曲家格·别祖博夫改编后,在世界各地广泛传唱。歌曲以优美的三拍子节奏,对流经斯普里特故乡的雅德利亚海进行深情的歌唱。歌中唱道:"尽管我漂泊在远方,可是我心在故乡。光明的斯普里特故乡,浪涛在拍岸歌唱。雅德利亚蓝色的波浪,我永远不能相望。想当年可爱的姑娘,你随我一起游荡。几时我重回到故乡,看一看故乡风光,再走上熟悉的小路,闻一闻泥土芳香。美丽的马里扬,心爱的斯普里特故乡,蓝色的雅德利亚,啊,我那神圣的海洋。"你听,这歌词写得多优美动听啊。

235.《鳟鱼五重奏》抒发了什么样的思想感情?

鳟鱼,淡青色的背部稍带褐色,侧线下部则是银白色,全身还长着美丽动人的小黑点,在碧蓝的海水中游来游去,非常活泼可爱。匈牙利伟大的作曲家舒伯特(1797—1828年)用它的名字,创作了一首闻名全世界的名曲《鳟鱼五重奏》。乐曲的第一乐章,充满着欢愉与温馨的气氛,是舒伯特用音乐写给他的情人卡洛琳的情书。在形式上,他采用了罕见的五个乐章,突出了"鳟鱼"的主题,整个乐曲显得平易淡泊而又静谧和谐,令人仿佛置身于活泼的游鱼淙淙的细流和清新的空气中,令人耳目一新。

236.《渔光曲》的歌词内容是什么?

20世纪30年代中期,由蔡楚生任导演、王人美、韩兰根、罗朋等著名演员主演,并由联华影业公司历时18个月拍摄的电影《渔光曲》,在上海上映后,立刻在上海滩引起了巨大轰动效应。特别是当剧中人小猴因捕鱼受重伤而死去的悲痛中,小猫和子英悲伤地唱起了《渔光曲》:

云儿飘在海空,鱼儿藏在水中。早晨太阳里晒渔网,迎面吹过来大海风。潮水升,浪花涌,渔船儿飘飘各西东。轻撒网,紧拉绳,烟雾里辛苦等鱼踪。鱼儿难捕船租重,捕鱼人儿世世穷。爷爷留下的破渔网,小心再靠它过一冬。

东方现出微明,星儿藏入天空。早晨渔船儿返回程,迎面吹过来送潮风。天已明,力已尽,眼望着渔村路万重。腰已酸,手也肿,捕得了鱼儿腹内空。鱼儿捕得不

电影《渔光曲》剧照

满筐,又是东方太阳红。爷爷留下的破渔网,小心还靠它过一冬。

电影《渔光曲》于1934年6月在上海上映后,由安娥作词、任光作曲的主题歌《渔光曲》顿时风靡全国,十几万

张唱片销售一空。《渔光曲》以质朴真实的歌词和委婉惆怅的旋律鲜明地描绘了20世纪30年代中国沿海渔村破产的凄凉景象,感情真挚地展示了旧中国渔民水深火热的苦难生活和不幸的悲惨遭遇,抒发了劳动人民心中不可遏制的愤懑情绪。在艺术上,歌曲运用单一形象的三段结构,采用统一的节奏以及相同的引子和间奏,使舒缓的音乐旋律与渔船在海上颠簸起伏的电影画面成为一个相互融合的有机整体,在旷远的音乐意境若隐若现地流露出哀怨、压抑、愤懑和坚韧的情绪,极大地增添了影片的艺术魅力。

237. 中国海军第一首队列歌曲是哪一首?

1948年,中国人民解放军华东海军初建时,部队希望唱海军题材的歌曲。当时,正在部队文工团工作的作曲家胡士平,接受这一任务后,立即动手进行创作。说来你也许会不相信,胡士平并没有受过严格的音乐教育。1931年10月,他作为安徽无为县城一所小学13岁的学生,唱着抗日救亡歌曲走进游行队伍。1938年,他又怀着满腔的抗日救国热情,参加了新四军,被分配到战地服务团工作。1939年,15岁的胡士平才在当时服务团的负责人、已故海峡两岸关系学会会长汪道涵的教诲下学会了简谱。1940年,音乐家孟波教给他五线谱和作曲知识。半年后,年仅16岁的胡士平写出了第一首歌曲,并在部队中流传开去。就凭着这样过人的音乐天赋和不懈的努力,怀着对人民军队的无比热爱,他创作出了中国海军第一首队列歌曲《人民海军在前进》。

海洋文化

238.《大海啊故乡》是谁创作的？

这是曾任中国电影乐团团长的作曲家王立平于1983年创作的一首脍炙人口的歌颂大海的歌曲。一听到"|12 1.76|53 3-|34 3.21|62 2-|"这优美动听的旋律，人们就会情不自禁地哼唱起这首歌咏大海母亲的歌。歌词写道："小时候妈妈对我讲，大海就是我故乡，海边出生，海里成长。海风吹，海浪涌，随我漂流四方。大海啊大海，就像妈妈一样，走遍天涯海角，总在我的身旁。"这首歌既适用于独唱抒情，也被改编成合唱歌曲，唱遍了大江南北。

239. 用作厦门海关钟声的旋律出自哪首歌曲？

在海滨城市厦门附近，有座美丽迷人的小岛叫鼓浪屿，被誉为"海上花园"。登上鼓浪屿日光岩，面对碧海波涛，可以遥望祖国的宝岛台湾，看到美丽的基隆港。此刻，厦门海关日夜不断的钟声，就会清晰地飘进你的耳中。那"|56 65 53 32|1.5 5-|6 65 23 43|2--0|"的旋律，会萦绕在每个人的耳畔，让你情不自禁地唱起来："鼓浪屿四周海茫茫，海水鼓起波浪；鼓浪屿遥对着台湾岛，台湾是我家乡。"许多人也许会问，这么动听的音乐旋律是出自哪首歌曲呢？这就是曾长期担任《歌曲》副主编的作曲家兼编辑钟立民的代表作《鼓浪屿之波》。说起这首歌的创作还有一段动人的故事呢！

钟立民最初的创作冲动来自音乐界前辈缪天瑞先生的一段往事。那是1949年的夏天，缪先生在台湾热切地向往新中国，他和夫人带着四岁的小女儿，从台湾的基隆港偷偷地乘一条小船驶向大陆，第一次遇风暴折回，第二次再出港,在海上漂流了 100 多个小时后,终于到达了浙江海滨登岸。这种归心似箭、不怕牺牲的爱国壮举,深深地打动了钟立民,他决心要用音乐表达这份纯真的感情。经过长期的酝酿和构思,1981 年,他同另外三位作曲家去福建沿海深入生活,终于创作出了《鼓浪屿之波》这首名曲。在歌曲的结尾,他以现在留在大陆的台胞的口吻,深情地表达了对大海的热爱,对台湾同胞的思念,唱出了:"我渴望快快见到你,美丽的基隆港!"

240. 首次全国海洋歌曲征集评奖活动是何时举办的?

作为迎接 1998 国际海洋年系列宣传活动的一项重要活动,由中国国家海洋局、文化部等单位举办的建国以来首次全国海洋歌曲征集评奖活动,从 1997 年 7 月 25 日开始到 11 月 30 日结束,共收到应征作品约 3000 首。共有 100 首歌曲获奖,其中一等奖 2 首,二等奖 3 首,三等奖 6 首,特别奖 1 首,佳作奖 15 首,优秀创作奖 73 首。

241. 首届全国海洋歌曲征集评奖的获奖作品有哪些?

在首届全国海洋歌曲征集评奖活动中,共有 100 首歌曲获奖。其中一等奖 2 首:冬木、晨枫作词,胡俊成作曲的《重返海洋》;由陶思耀填词作曲的《蓝色辉煌》。二等奖 3 首:孙牧作词,刘哲作曲的《大海,我们永远相爱》;甲丁、任毅作词,孙川作曲的《向海洋》;李幼容作词,田学理作曲的《迎接海洋世纪》。三等奖 6 首:宋斌廷作词,王猛作曲的《共享大海》;诗洋作词,杨翎改词作曲的《海乡的秋天》;陈玉国作词,舒京作曲的《蓝色宣言》;广征作词,李云涛作曲的《看海去》;晨枫作词,牛晓风作曲《走进

海洋文化

蔚蓝》;胡玉兰作词,袁伟作曲的《大海,永远的朋友》。此外还有特别奖1首、佳作奖15首、优秀创作奖73首。这些歌曲从不同侧面讴歌了大海和海洋事业,成为中华儿女献给1998国际海洋年的一份厚礼。

242. 我国首张海洋歌曲CD和盒式录音带是什么时候问世的?

我国首张海洋歌曲专集《重返海洋——海洋歌曲专辑》CD盘和盒式录音带,1998年5月由国家海洋局和今日中国出版社音像部联合制作、出版和发行。这是我国海洋界和音乐界共同献给1998国际海洋年的一份厚礼。这张专辑的问世,对于推动海洋歌曲的创作和传播,增强全民海洋意识起到了积极的推动作用。全国人大常委会副委员长王光英为海洋歌曲专辑题词:"携手重返海洋,共铸蓝色辉煌。"专辑收录的12首海洋歌曲以讴歌海洋和海洋事业,赞美海洋人奋力拼搏、无私奉献精神为主题。歌手包括林萍、江涛、张迈、屠梅华和黑鸭子合唱组等,他们以真挚的感情对歌曲进行了传神的演唱。这些音像制品还是具有较高文化品位的海洋宣传教材。

243. 我国首张海洋歌曲专辑收录了哪些海洋歌曲?

我国第一张海洋歌曲专辑《重返海洋》共汇集了"南麂杯"全国海洋歌曲征集的一、二、三等奖和特别奖的作品12首。这些从浪花里飞出的欢乐的歌,使我国海洋歌曲专辑的空白成为一去不复返的历史。其曲目是《重返海洋》、《蓝色辉煌》、《大海,我们永远相爱》、《向海洋》、《迎接海洋世纪》、《共享大海》、《海乡的秋天》、《蓝色宣言》、

《看海去》《走进蔚蓝》《大海,永远的朋友》《南麂岛》。这张海洋歌曲专辑的问世,丰富了我国的海洋文化生活,也将成为将来海洋歌曲创作与演唱繁荣发展的一个基础和起点。

244. 《东方之珠》歌唱的是哪座城市?

1997年香港回归之夜,一首歌咏香港的歌曲唱遍了大江南北、长城内外,这就是由台湾著名的词曲作家兼歌手罗大佑作词作曲的《东方之珠》。作者以深情的语言,抒发了对香港回归中国的感情。作者把香港比作是一颗镶嵌在世界东方的一颗璀璨明珠,它"让海风吹拂了五千年,每一滴泪珠仿佛都说出你的尊严"。歌唱者要以"守着沧海桑田变幻的诺言",让海潮来保佑它,用赤子之情来温暖它苍凉的胸膛。整首歌旋律优美,意境深邃,至今还被广泛传唱。

245. 中国海军军乐团行进吹奏的保留曲目是什么?

中国海军军乐团成立于1986年,曾多次担负国家、军队和海军的重大司礼仪仗和大型纪念庆典演出任务,演奏风格具有浓郁军队文化气息及海的气势和韵味。为适应不同表演要求,目前已形成自己的行进吹奏队列表演的保留曲目,这就是《祖国,水兵请您检阅》组曲,它包括7个片段:① 海魂;② 舰队进行曲;③ 凯旋;④ 军旗飘舞;⑤ 我爱蓝色的海洋;⑥ 愉快的航行;⑦ 歌唱祖国。这一节目雄壮恢宏,变化多样。演奏员既是乐曲的吹奏者,同时又是优美队列舞蹈的形体表演者。队员们在长达12分钟的乐曲声中始终在变换、组合着新的队形,一幅幅波动的画面,一首首动人的乐曲,让人尽情欣赏,美不胜收,既体现了人民海军文明之师、正义之师、和平之师的形象,同时又展示了综合的演奏水平,将丰富的政治艺术内涵赋予音乐之中,给人以艺术享受和情感震撼。

246.《太阳·军旗·大海》歌舞晚会有什么特色?

为纪念中国人民海军成立50周年,1999年4月27日晚在海军礼堂举办了《太阳·军旗·大海》歌舞晚会,江泽民等观看了演出。这台充满大海情韵的歌舞晚会,生动地展现了人民海军在党中央、中央军委领导下进行现代化建设的伟大成就,展现了海军广大官兵"爱舰爱岛爱海洋",保卫和建设万里海疆的崭新精神风貌。晚会在歌舞《欢乐的海洋》中拉开序幕,以横空飞越的满旗,装点出祖国万里海疆隆重的庆典气氛,旋转的水兵舞与浪花舞交相辉映,表达出新时期水兵的自豪感与光荣感,引导人们在聆听大海的回声之中,穿过岁月的波涛,进入新时代的氛围。晚会努力突出走向世界的中国海军特色,既展现人民海军成长历程中波澜壮阔的史诗画卷,又注重水兵生活的细小情节。开场舞,音乐旋律上突出气势恢宏的海的涌动感,节奏上采用三拍圆舞曲风格,舞蹈语汇流动,再现海军特有的浪漫潇洒的性格魅力,海味、兵味十足。舞蹈《忠诚》、《搏击》艺术地再现了一代代海军官兵战风斗浪、不屈不挠的英雄气概;《水兵故事》、《海岛小菜园》、《青春方阵》等歌曲充满浓郁的部队生活气息,真实地反映了海军舰艇部队、陆战队、航空兵和驻守岛礁部队官兵的战斗训练生活;说唱表演《海上雄风》以雄浑的气势,表现了海军官兵向现代化进军的信念;《四海为家》、《飘带飞》等深情讴歌了海军官兵献身海疆、强我中华的赤子之情;歌曲《海阔天高》、《大海难忘》歌唱了人民海军英雄辈出、功勋卓著的光辉业绩。当歌舞《太阳·军旗·大海》演出时,舞台背景上映出江泽民为人民海军成立50周年的题词"为建设具有强大综合作战能力的现代化海军而奋斗",晚会出现高潮。参加演出的新老著名演员有胡宝善、卞小贞、宋祖英、范琳琳、吕继红和陈红等。

海洋文化

海洋民俗风情

247. 什么是"海人"?

什么是"海人"呢？难道说他们是生活在海洋里面的像鱼一样的人吗？其实"海人"是专指生存在南太平洋里一万多座岛屿上世代以海为家的当地土著人。他们称男人为"海男"，称女人为"海女"，而把他们的孩子称为"海娃"。他们至今仍住在海人世界中，过着无忧无虑的原始生活。居住在远离地球大陆的海岛上的这些海人是从哪儿来的呢？

海人捕鱼图

根据考古学家和人类学家推测,海人的祖先可能来自南美洲西海岸的智利、秘鲁等地,也有可能来自亚洲印度尼西亚一带,或者就是直接从海洋里爬上岛屿的最原始人种的后代。这些海人的历史至少可能追溯到6000年以前。从那个时候起,海人们便世世代代生活在与大陆隔绝的大小海岛上,凭着精湛的航海技术,利用星座导航,驾驶着独木舟周游世界,同大自然进行着顽强地搏斗,并一直生存到今天。

248. 海人有什么特别的游泳技术?

海人因为终生与海打交道,为了生存的需要,海人各个都练就了高超的游泳技术,特别擅长深潜海底空手抓鱼。捕鱼季节到来的时候,海人们便会聚在浅海的珊瑚礁丛中,赤身裸体的男男女女分别在各自的捕鱼水域大显身手。海男海女们赤手空拳地潜入海底,搜鱼、追鱼、抓鱼,像精彩的水下特技表演一样,展开娴熟的捕鱼动作。有的人甚至能用双手和嘴同时捕鱼。海人为什么会有如此高超的潜水捕鱼技术呢?这是因为他们一来到人世就与大海结下了奇缘。在海人的生活世界里,不管谁家的媳妇生了孩子,闻讯而来的人们就会到高处模仿海豚的叫声高喊"啾啾!啾啾!",期望婴儿长大以后能像海豚一样灵敏地遨游大海。更令人惊奇的是,所罗门群岛的拉乌族人,习惯用海水洗澡;马绍尔群岛的孩子两岁起就能像鱼一样游泳;而马努斯岛人则善用双手托着婴儿下海游泳。更有趣的是,如果两三岁的孩子不小心从高架在水上的房屋里掉入海中,你会看到海娃的妈妈和周围的人们,仍是若无其事的样子,绝不会赶去救海娃的,而是让他们自己游水爬回屋中。而这些看到孩子落水"见死不救"的妈妈,其实是最疼爱自己孩子的,她们是想让海娃们早一点学会游泳的本领,今后更好地生活。

海娃们的生活

249. 海人是怎样造船的?

海人除了具有高超的游泳技术外,还凭着自己灵巧的双手,造出了遨游海洋的船。不过,海人所造的船是无法和造船厂里用现代材料和高科技手段造出的巨型舰船相比的,海人们时至今日制造和使用的仍然是独木舟。海人制造和使用的独木舟有两种:一种外侧系有浮杆,用来保持稳定和增加浮力;另一种是双体船,可以乘坐12人,它是把两条独木单舟并联在一起,中间用木板连起来的大帆船,海人们再在木板上搭起船舱和食品贮藏室,以备远航时使用。你可以想象,在没有任何金属工具的条件下,海人们只用大树、木板和藤条、皮带,就造出了能经受得住大风大浪考验的远洋帆船,海人们的造船技术是多么精湛啊!

250. 海人有哪些宗教信仰?

海人其实也和其他人一样,有着自己认识世界的方法和观点,也有着自己执著的宗教信仰。海人的宗教信仰有哪些呢?海人在不同的历史发展时期有不同的宗教信仰。最初海人们崇拜一些面貌慈祥的人型神像,认为供奉他们可保佑海人们免遭灾祸的袭击。这些神代表着古代神话中祖先们的灵魂。海人们先把神像供奉在被叫作"玛凯"的神殿里,然后在玛凯神殿旁种下一棵树,并把它看作是通往天堂的梯子,认为神可以顺着这棵树从天上降落到地上。但是,到了18世纪以后,南太平洋诸岛上的海人们,开始不断受到欧洲文化以及基督教的传播和冲击,迫使海人们逐渐放弃自己的传统宗教和文化,转而接受基督教的思想。

251. 海人的服饰有什么特别的地方?

你知道终年生活在炎热的南太平洋岛屿上的海人们的服饰有什么特别的地方吗?因为海人的生活环境常年气温较高,而且湿闷、多雨,所以,他们的服饰与生活在大陆上的人们的服饰有许多不同。在雅浦岛上的海人们,不论男女老幼,上身都是赤裸的,姑娘们最多也不过穿一条草裙;比基尼岛上的海女们常年只穿三点式服装;伊里必岛上的拉尼族海男和海娃们则终年赤身裸体,女人们只系一条腰带。海人们似乎既不需要御寒,也不需要遮羞,因为这已成为他们悠久的传统。尽管如此,但海人们都非常注意头上的装饰。所罗门群岛上的海人喜欢将精美的贝壳串成一串戴在头上,作为头饰;复活节岛上的海女们,也喜欢戴着贝壳串成的项链;酋长们除了满身戴着贝壳制的饰品外,还要插上极乐鸟美丽的羽毛。最为奇妙的是海人进行宗教仪式时的祭司们的装束,他们不仅全身戴满用贝壳制成的装饰品,还要在脖子上挂上贝壳制的项链,胸前挂上胸饰,头顶戴上用砗磲贝制的圆盘额饰,这种额饰上还雕刻着鳖甲,直径长达10厘米,非常引人注目。此外,海人还有一种特殊的礼服,它是采用珊瑚岛上的特产塔帕木树皮制成的。虽然现在已经有了大量进口的廉价纺织品,但海人们每逢重大节日或是在新婚典礼上,还是要穿这种用树皮制成的礼服,以此来表明他们是世世代代永远以海为家的海人。

252. 赛龙舟的习俗是怎样来的?

每年农历五月初五这一天,中国人都会包粽子、赛龙舟,江南水乡还要举行热热闹闹的龙舟赛。你看那飞溅的浪花,飞舞的龙旗,飞驰的龙舟,加上震耳欲聋的锣鼓声、呐喊声,与两岸欢乐的人群合在一起,共同构成一幅乡情浓郁的中国龙舟竞渡风俗画。相传这是为了纪念战国时期爱国诗人屈原,距今已有四千多年的历史,是我国民间非常有趣的水上传统体育活动,"龙舟"因参赛的船前有龙头而得名。前面有一人摇旗呐喊,中间坐两排人划桨行船,船尾有一人擂鼓助威,以先到目的地为胜。宋代诗人苏东坡对此还专门作诗咏唱:"楚人想屈原,千载意未歇,遗风成竞渡,眷眷不思决。"这种龙舟竞渡的习俗,在漫长的岁月里又产生了五花八门的竞渡奇俗,如旱龙舟、夜龙舟、游船式竞渡、龙船、耍海会、龙船节等。

253. 你知道哪些有关钓鱼的谚语?

"钓鱼经"是千百年来人们关于钓鱼经验的总结,从中既可了解鱼类的生活规律,也可了解水情、气象、季节、钓鱼的有关常识。俗话说"鸟有鸟道,鱼有鱼道;找准鱼道,连连上钩",说的就是这个理儿。从时间上来看,这些钓鱼谚语有:"一日三迁,早晚溜边";"烈日当午,钓鱼气鼓鼓,早晚钓一阵,回家吃一顿";"早钓鱼,晚钓虾,中午钓个大王八";"春钓两雾夏钓早,秋钓黄昏冬钓草";"春钓滩,夏钓荫,秋钓潭,冬钓阳"。从天气上看有:"鱼儿顶浪游,钓鱼要钓风浪口";"梅雨钓鱼,越钓越喜";"宁钓日落后,不钓雷雨前";"雨后放光,钓者吃香";"雨季鱼靠边,撒米应撒边";"雪前把鱼钓,雨后拥炉烤"。有的是根据水情总结出来的:"水呈泥汤,钓鱼泡汤";"水清如镜,钓鱼不行";"水涨钓浅,水退钓深,水浑钓浅,水清钓深";"深浑可钓近,清浅易钓远";"清水无鱼,浑水摸鱼,不清不浑好钓鱼"。有的是根据鱼情总结出来的,如:"小鱼惊慌跳,大鱼快来到";"水下小鱼多,大鱼不在窝"等等。

254. 什么是掷瓶礼?

国外举行新船下水仪式时,一道必不可少的仪式是要船主(船主代表)的夫人在船下滑前"打香槟酒",人们一般把这种礼仪称作掷瓶礼。掷瓶礼为什么要打香槟酒呢?据说,这个习俗起源于古代西方。那时由于航海技术落后,航海是一种非常有危险的职业,船毁人亡的海难事故经常发生。当时,人们的通讯手段非常落后。因此,每当船只逢难时,船员只得在纸上写上遇难的船名、失事日期、失事方位、遇难船员的姓名、籍贯和其他一些要告知他人的事项,然后把纸卷起来塞入空瓶内,将瓶口密封后投入海洋,任其漂流,指望被过路的船舶或流到海岸被人发现,从而赶来救援。由于西方人普遍爱饮香槟酒,航海的船员也不例外,所以投下的往往是香槟酒瓶。事实上,那些船员在海上遇难后能获救的希望是非常渺小的,船员一投入这样的酒瓶,就意味着他在海上面临着危险和死亡,所以,船员的家属们最不愿意看见的东西就是这种香槟瓶。天长日久,年复一年,渐渐形成一种习惯,每当新造的大船下水时,便由船主夫人做代表,在船艏狠狠地砸碎一瓶香槟酒,让醇香扑鼻的酒撒在船艏周围,驱邪避灾,祈求吉利,就像中国人所说的"碎碎(岁岁)平安"一样,他们都希望香槟酒瓶打得越碎越好,预示这条船投入航行后,永远一帆风顺,万事大吉。今天,随着科学技术的不断发展,航海的安全越来越得到保证,海上通讯手段也更方便快捷。如今,船下水时再打香槟酒时,就演变成带有传统色彩的喜庆仪式了,并扩展到各种场合。

255. 船上的"十二生肖"有哪些?

大家知道,中国有十二生肖,但船上怎么也会有"十二生肖"呢?原来,早先的渔船大都是舢板木帆船,在海上遇到风暴触礁,常常发生船毁人亡的灾难。为了消灾避难,渔民们就用十二生肖作为吉祥物来命名船上的结构和工具,目的是让这些吉祥物来保佑他们出海捕鱼时一帆风顺,平安返航。船上的十二生肖都有哪些呢? 船上的十二生肖不同于人的十二生肖,有的还是利用汉字谐音来命名的。船尖早先是"V"字形的,两边是顶端,渔民称为"老鼠角",大概是由于老鼠在生肖中排在第一的缘故。"牛头梁"是安置在桅杆和桅杆夹之间,用于调节桅杆升降高度的一个横杆式的装置。在船头两侧有个栓锚缆的装置叫"老虎槛"。而渔民把船上求神拜佛的地方叫"土地堂"(土,兔谐音)。船头的滑缆叫"龙牙撬"。预备修补篷帆的线和篷叫"马篷线"。"阳光"(阳,羊谐

渔船上的"十二生肖"

音)则是船舱内的一个绑绳工具。"猴舵盘"是原来的驾驶室,取左右打舵像猴子来回上蹿下跳之意。而"雄鸡"呢? 根本看不出一点鸡的形状,只是舵盘中间的一部分;"狗头"也不是狗的脑袋,是渔民们对滑轮的俗称,不过滑轮使用时也很像狗摇头晃脑的样子。摇橹前进的小舢板,在放橹的地方有一段圆头的铁柱,叫"橹滑嘴"(嘴,猪谐音)。蛇既不能放在船上,又不能缺少它,怎么办呢? 渔民们就利用舟山方言中的"蛇"与"茶"谐音的特殊性,在每只船上都要准备一只"茶壶",并成为渔民的一条不成文的规定。如今,渔民们的捕鱼工作已经非常现代化了,当然这些名字也逐渐被人遗忘,但有的船上仍在继续使用。

256. 什么是"扣点"和"大吊子"?

很久以来,在山东长岛的渔家,有个非常特别的传统风俗。每逢春节过后,大风船首次远航出海捕鱼时,渔家人要到海边为自己的亲人送行,还要放鞭炮,举行带有宗教色彩的出海仪式,表演"扣点"。"扣点"是什么意思呢?恐怕有些人连听也没听说过。其实,"扣点"就是在渔船出海前,安排新上船的小伙计围着船舶在前面跑,船上的管事手拿面粉瓢在后面追,如果管事能把面粉瓢准确地扣到小伙计的头上,就叫"面瓢扣头,吃穿不愁,人人太平,准能挂上大吊子"。如果管事不能把面粉瓢准确地扣到新来的小伙计的头上,渔船出海就有可能打不到鱼,甚至会出现不好的兆头。而"大吊子",其实就是系挂在大风船桅杆上的一块1尺宽、5尺长的红布。过去生产条件差,产量不高,一个汛期每条船只要能抓出上万斤鱼,就算发了财,渔船返港时就在桅杆上挂起"大吊子",这样,船还没进港湾,桅杆上的红布就会被渔家人远远地发现,渔家人就会从四面八方赶到海边去迎接自己的亲人。所以,"扣点"和"大吊子"是渔家祈盼和预告渔家人安鱼丰的习俗和方式。

257. 世界岛屿文化节在何时何地举办?

在世界众多国家中,有一些国家的领土全部在海岛上。这些岛屿国家的文化与陆地国家的文化是不一样的,世界岛屿文化节就是这些岛屿国家的文化特色之一。世界岛屿文化节是在1998年7月18日至8月13日在韩国济州岛举行的,共有世界各地31个岛屿和岛国参加了这次盛会,其中包括巴厘岛、斯里兰卡、宿务、海南岛、槟城、普吉岛、夏威夷群岛、塔斯马尼亚岛、巴布亚新几内亚、冰岛、西西里岛、牙买加、毛里求斯和济州岛等。来自各地的岛民表演了传统音乐、舞蹈,展示了他们的手工艺品、传统民族服装、传统美食和民族传统仪式游行等,热闹非凡,吸引了大批国内外游客前往参观。

258. "渔雁"是什么意思?

远古人类的祖先在大自然的恩赐、制约下过着生吃螃蟹活吃虾的欢乐而又艰辛的渔猎生活。随着大自然的变化,他们像候鸟一样,追逐着洄游的鱼虾,生存着、繁衍着,不停地沿着海岸南来北往地迁徙着。每到江河入海口就留下一些人,其余大部分继续奔向更远的江河入海口。因为每处江河入海口,都是鱼虾洄游和繁衍的地方,这里是海水、淡水两合水,滩涂平缓,鱼虾蛤蜊丰厚。后人将古代有规律的春来秋往的打鱼人称"渔雁",意思是打鱼的人像候鸟一样,春来秋住,就如大雁一样。

259. 台湾渔家为什么崇拜关公?

大家知道,关公就是《三国演义》中的关羽关云长,他面如红枣,手使一把青龙偃月刀,跨下骑一匹千里追风赤兔马,和张飞、诸葛亮一起辅佐刘备,曾有过五关斩六将、千里走单骑、单刀赴会、义释曹操、水淹七军等英雄壮举,死后被人供奉入"关帝庙",被誉为"汉朝忠义无双士,千古英雄第一人"。在祖国的宝岛台湾,古往今来的台湾渔家也都十分崇拜关公,岛内较大的关公庙就有172座。台湾渔家为什么这么崇拜关公呢?这其中除了敬重关公的忠诚义勇之外,还与台湾渔民的生活环境有密切关系。台湾四周皆海,历史上多以捕鱼为业,由于古代科技落后,渔民常遭台风、海啸、暴雨的袭击,生命财产得不到保障,民间有"行船跑马三分钟"的说法。台湾渔民历来以兄弟叔伯相称,他们很需要人与人之间有一种"风雨同舟,生死与共"的义气,同心协力地与灾害抗争,这与关公的"不求同年同月同日生,但求同年同月同日死"的"桃园三结义"的忠义思想正好相合。因此,渔民比其他行业的人就更加崇拜关公,为人也更豪爽、义气,正因为如此,关公在台湾还被当成具有司命禄、佑科举、治病除灾、驱邪避恶、诛罚叛逆、巡察冥司乃至招财进宝、庇佑商贾的"万能之神"。如今的台湾人已用新的认识来替代过去的观念,认为关公身上代表了对国以忠、待人以义、处世以仁、作战以勇的中华民族的传统美德。

260. 游泳活动在哪些中国古籍中有记载?

在江河湖海中畅游,自古以来就是深受人们喜爱和欢迎的一项体育活动,游泳不仅对心脑血管有保健养护功效,还能使头脑更灵活,体魄更健壮。你了解有关游泳的历史吗?大家知道,黄河中下游各地及渤海湾沿岸的平原是人类文明的发源地。从5000多年前的中国古代陶器中,可以看到雕刻着人类潜入水中猎取水鸟鱼虾和类似现代蛙游的图案。据历史记载,4000多年以前,就有夏禹治水的功绩,相传在与洪水的搏斗中,人们已发明了不少游泳的方法。大约在2500年前,我国第一部诗歌总集《诗经》就有有关游泳活动的记载。《诗经·邶风·谷风》中"就其深矣,方之舟之;就其浅矣,泳之游之"的诗句,说明那时人们早就懂得游泳。在春秋战国时期,人们经常游泳猎取水中动物。如《庄子·秋水》中说:"水行不

热带海滨风光

避蛟龙者,渔夫之勇也。"可见当时的渔夫已掌握了较高的游泳技能,而且在这一时期已经有了水军。《六韬·奇兵》有"奇兵者,所以越深水,渡江河者",把"越深水,渡江河"作为"奇兵"的一项特殊的军事技能,明确论及泅渡江河在军事上的重要价值。《管子》、《孙子》等古书,都把游泳列入军事训练的主要项目。汉代以后,游泳活动在民间非常普及,游泳技巧、技术也大大提高。如《淮南子》中就有有关游泳动作姿势的记载:"游泳者以足蹶,以手杯。"唐宋时期,官庭专门设置了可以进行跳水、游泳、抛水球的"水殿"。宋代孟元老所著的《东京梦华录》介绍,宋徽宗赵佶常常驾车到水殿,观看惊险的"水秋千"表演和争夺锦球的游泳赛。北宋文学家苏东坡在《日喻》中

说:"南方多没人,日与水居也,七岁而能涉,十岁而能浮,十五而能没矣……日与水居,则十五而得其道;生不识水,则量肚见舟而畏之。"可见当时南方人多熟悉水性。在长期的生活实践中,劳动人民还创造了不少泅水方法和游泳技能,《水浒传》中的"浪里白条"张顺和《三侠五义》中"翻江鼠"蒋平的游泳故事,至今还在到处流传。中国古代女子游泳的历史也相当悠久,北魏时期的敦煌壁画上,就有一幅四个女子在水中嬉戏的情景,可见当时女子游泳已经比较普遍了,传说中国古代"四大美女"之一的西施,还是一个游泳健将呢!

261. 世界上第一个进入 21 世纪的国家是哪一个?

大家知道,国际日期变更线附近的太平洋岛国是国际公认最早和最晚进入 21 世纪的地点,那么,哪个国家第一个迎接 21 世纪的第一缕曙光呢?从世界地图可以发现,太平洋岛国汤加的首都库司洛法,位于西经 175 度 12 分,与 172 度 30 分的经线只有 2 度 42 分之差,是从西侧最接近国际日期变更线的首都,是名副其实的最早看到太阳升起的地方。为了确保万无一失,汤加又决定 1999 年将实行夏时制,这样一来,汤加就顺理成章地成为世界上第一个进入 21 世纪的国家。在汤加的珊瑚礁岛上,你可以过完 20 世纪的最后一个漫漫长夜,然后最早进入激动人心的 21 世纪。有趣的是,当你在汤加度过 21 世纪最初的几个小时后,如果你立即乘飞机向东飞到"世界最西面"西萨摩亚的阿皮亚,你还会看到昨天的即 20 世纪的太阳正在缓缓东升的奇特景观。

262. 世界上最后一个进入 21 世纪的国家是哪一个？

打开世界地图,你会发现,在太平洋的中部有一条南北向的虚线,其位置大部分与东经(西经)180 度线吻合。这条虚线就是著名的"国际日期变更线",又称"日界线"或"国际改日线"。它规定飞机和轮船由西向东越过此线时,日历应撕去一页,如 1 日正午改为 2 日正午。这样,国际日期变更线就成为国际公认的新日期开始最早的地方。从理论上讲,东西经 180 度线通过的地方,西侧往往属于同一个国家,事实上很难实行,因此在很多地方该线都人为地偏离 180 度线,而且完全避开陆地,整个从洋面上通过。于是国际日期变更线附近的太平洋岛国就理所当然地成了最早和最晚进入 21 世纪的地点。哪个国家是最后一个进入 21 世纪的国家呢？它就是位于太平洋的岛国西萨摩亚。原来,西萨摩亚的首都阿皮亚,位于西经 171 度 44 分,这一地区的国际日期变更线恰好在它的西北侧,从 180 度东南行,移向西经 172 度 30 分线,彼此经度相差仅 40 分。于是,阿皮亚就成为从东侧最接近国际日期变更线的首都,即是世界上最西边的首都,它的特点是"最后入睡","最后看到太阳沉入地平线"。毫无疑问,太平洋岛国西萨摩亚是世界上最后一个进入 21 世纪的国家。

263. 崇拜鲨鱼的部落是怎样举行祭鲨典礼的？

鲨鱼性情凶猛,甚至会吃人,许多靠海生活的人,对它都保持高度的警惕。然而,在所罗门群岛的一个小岛上,人们都把鲨鱼当作神君来崇拜。这个小岛名叫勒拉奇，岛上有一个500余人的部落。正是这个以捕鱼为生的部落，不但从不捕杀鲨鱼，而且还常常举行全岛性的祭鲨典礼。每到举行典礼那天，太阳还没露出海面，雾濛濛的海滩上就聚满了人。男人们头插各种羽毛，裸露文身，

鲨鱼图

妇女们则佩戴着贝壳饰物，打扮得像过节一样漂亮。典礼在天刚亮时开始，伴着冉冉升起的太阳，酋长用尖刀把活猪肢解后用力抛向大海。顿时，海水被染成一片血红色。鲨鱼嗅到血腥味后，争先恐后地游来抢食，这时候，小孩子就光着身子跳进水中，和鲨鱼一起嬉戏。鲨鱼们都忙着抢食猪肉，对孩子们毫不理会。岸边的男女老少，则在海滩上唱歌跳舞，尽情欢乐，直到鲨鱼群离去，大家才心满意足地回家休息。

264. 降半旗致哀的习俗是怎么来的？

当某一国家的首脑或重要人物逝世，或者发生重大灾难事故时，为了最隆重地表达人们的沉痛哀思，当今世

界各国大都流行一种礼节,这就是降半旗致哀。降半旗致哀是最庄严、最隆重的哀悼礼仪。那么,你也许会问,这种礼仪习俗是怎么来的呢? 其实,降半旗致哀这种习俗起源于古代的海战。那时,当一场大海战结束之后,战败的一方要将自己的旗帜降下一些,而把胜利方的旗帜高挂在自己的旗帜之上。久而久之,就演变成了一种丧礼仪式,原来的含义已经不存在了,只是作为一种"尊敬"的标记被保留下来,成为一种国际通用的隆重丧礼仪式。

265. 世界上著名的海洋节有哪些?

海洋是人类的摇篮。开发海洋、保护海洋已经成为21世纪人类共同关心的话题。为此,世界各地的人民用不同的方式举办了各种各样的海洋节,像巴西的海神节、威尼斯的赛船节、美国的海运节、瑞典的小龙虾节、荷兰的鲱鱼节、秘鲁的保卫200海里领海纪念日、特立尼达和多巴哥的航海发现日等,还有中国青岛海洋节,都是世界上著名的海洋节。

266. 什么是海神节?

每年的2月2日,是巴西的海神节。海神叫伊曼雅,原来是非洲西部人崇拜的偶像,是人类和陆地上一切生灵的母亲。16世纪初,大批非洲人被卖到巴西,这种崇神的习俗也就带到巴西。当年非洲人到巴西时,巴西到处是疾病和死亡,无论人们怎样求医问药,也治不好这种怪病。后来,人们在万般无奈之际只好向海神伊曼雅祈祷,盼望她能给巴西人带来健康和幸福安宁。在听到众人的祈祷声后,伊曼雅终于送来了药品,使巴西人摆脱了病魔的纠缠,而这一天正好是2月2日。为了纪念伊曼雅,巴西人就把每年的2月2日定为海神节。

267. 威尼斯的赛船节在什么时候举行?

威尼斯有"水城"之称,船是人们出行时最主要的交通工具,久而久之,赛船就成了人们生活中的一项重要体育比赛活动和节日庆典中不可缺少的节目。关于威尼斯赛船的起源,目前说法不一。最早记载的一次木桨船比赛是1247年9月15日。以后每年的6月份到9月份期间,威尼斯人都要举行全城的赛船,至少要举行七八次。因沿袭历史,后来大都以每年9月的这次赛船最为隆重,并当作赛船节的闭幕式。

268. 海运节是怎么产生的?

在蒸汽船还没有诞生以前,要渡过横隔在美国和英国之间的大西洋,到对方国家去,非常困难。那种靠风力和手工摇动船桨的人力帆船要想横渡大西洋比登天还难,有时,还会落得船沉人亡的悲剧。瓦特发明了蒸汽机以后,人们也试着开始把蒸汽机作为动力装置安到船上,去征服大西洋,于是开始有了蒸汽船,并运用于远洋航海。1819年5月22日,"萨凡纳"号蒸汽船,从美国的萨帆港出发,开始横渡大西洋,最后到达了英国的利物浦港。这次航行的壮举轰动了当时整个西方世界。为了纪念"萨凡纳"号蒸汽船这次横渡大西洋的航海壮举,美国从此决定每年的5月22日作为海运节,以示纪念。

269. 瑞典小龙虾节是怎么举办的?

小龙虾节是瑞典的传统海洋节日,每年8月7日的晚上拉开序幕。这天晚上,各家各户的男人们带着自家的小男孩下船到海里,用事先做好的灯笼引诱小龙虾上钩,因为小龙虾特别喜欢光亮,就争先恐后地拼命向光亮处游去,根本想不到眼前所面临的生命危险。瑞典人就这样一只又一只地钓上小龙虾,并把它作为举行龙虾晚会的吉祥物。当然,谁钓的龙虾多、个头大,谁的兴趣就越浓厚,所以无论是大人还是小男孩们都希望满载而归。到了晚上举行龙虾晚会,大家按照瑞典的传统方式,用色彩缤纷的餐纸和特制的围裙,铺上带有花边的桌布,点上红彤彤的龙虾形状的灯笼。在这欢快的气氛之中,人们一边吃龙虾、喝酒,一边唱歌、跳舞,直到第二天早晨才结束。

小龙虾图

270. 荷兰为什么把"鲱鱼节"作为海洋节?

荷兰地处欧洲,那里的海域盛产鲱鱼。这种鱼身体侧扁而长,背部灰黑色,两侧银白略带绿色,生活在海洋中,是非常重要的经济鱼类。荷兰人对鲱鱼有一种特殊的感情,在每年5月的最后一个星期六,是荷兰人的鲱鱼节,这个节日已有上百年的历史。节日期间,江河湖海中大小船只成群结队,张灯结彩。渔民们也都穿上了传统的民间服装,尽情表演民间歌舞。此外,节日期间,荷兰全国大大小小的餐厅,街道沿途,都贴满"鲱鱼节"的赞美之词,全国到处是一派浓郁的节日气氛。

271. 哪国把"保卫200海里领海纪念日"作为海洋节?

领海是一个海洋主权国家从陆地向大海延伸的海上领土,是国家主权和领土完整的象征,但领海的距离到底是多少为宜,历来说法不一。1947年8月1日,秘鲁第一次提出把本国海洋管辖区扩大到200海里的主张。到了1952年8月18日,秘鲁又同厄瓜多尔、智利共同签署了《关于海洋区域的圣地亚哥宣言》,宣布对200海里内领海的主权和管辖区。因此,8月1日被秘鲁定为保卫200海里领海纪念日。

272. "航海发现日"是在哪一天?

哥伦布是世界上最伟大的航海家之一,以发现了美洲新大陆而名垂后世,人类因此进入了地理大发现时期。1498年8月3日,哥伦布第三次率船队远航,历经千难万险来到了特立尼达和多巴哥,从一望无际的茫茫大海中,望见了此地三座山峦并起的海岛,哥伦布的心中突然想起有关"圣父、圣子、圣君"三位一体的说法,就把它称之为"特立尼达"。而多巴哥岛原来盛产烟草,其名称就由西班牙语的"烟草"讹传而来。后来,人们将1498年8月3日定为特立尼达和多巴哥的"发现日",以纪念伟大的航海家哥伦布的功绩。

273. 美国的牡蛎节有哪些特色？

美国马里兰州圣玛丽县盛产牡蛎，至今已有300多年的历史，当地人在10月的第二个周末，都要在这里举行为期两天的牡蛎节。这时正是收获牡蛎的旺季，每年都有10万多人的游客来此参加节日。举办牡蛎节的目的，一是吸引游客到当地最早的居民点观光，二是为了引起人们对当地牡蛎生产的关注，三是为本县公民的学位基金会和其他慈善组织筹措资金。牡蛎节最有特色的活动，要数全美开壳取牡蛎肉大赛了。每届参加比赛的人都很多，尤为引人注目的是女性选手。比赛分组进行，赛手用一种特制小刀剥开牡蛎壳，谁剥牡蛎壳取肉又多又整洁，就可得到一分纪念品和一笔奖金，每届的冠军还可参加下一年度9月在爱尔兰举行的国际高尔韦牡蛎节。牡蛎节的第二个特色最受人们喜爱了，这就是品尝新鲜肥嫩的牡蛎肉，生食、清蒸、红烧、油炸都可以，而最可口的是用油煎得嫩酥鲜香的牡蛎肉了。你也许会问，参加牡蛎节要花很多钱吧。说来你也许会不信，参加牡蛎节只需买一张入场券便可免费停车、观赏歌舞表演和参观其他演出，因此，深受世界各地游客的欢迎。

274. 荷兰为什么会有风车节？

提起荷兰，人们自然会想起遍布荷兰全国各地的大大小小的风车来，如今这些风车已成了荷兰的一个标志，为此，荷兰人在每年5月的第二个星期六，都要举行盛况空前的风车节。荷兰的风车节和海洋有什么关系呢？荷兰为什么会举办风车节呢？历史上，荷兰原是一片面临海洋的低洼地区,为了使沧海变成桑田,古代荷兰人就使用风车把洼地的积水排向海洋,风车成了荷兰人征服自然、战胜海水侵蚀陆地的最主要的劳动工具,因此,风车在荷兰人的心目中有着特殊的地位,风车因此遍布全国

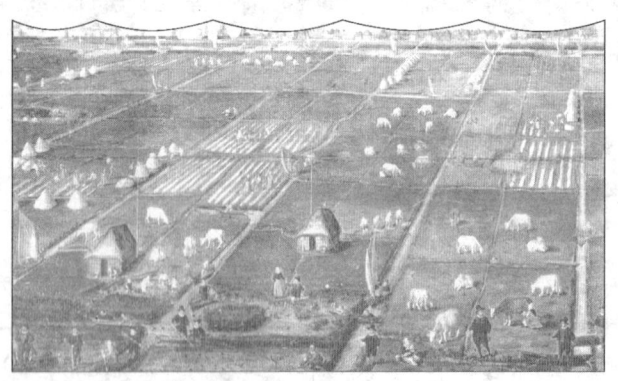

荷兰填海造田

各地,最多时达10000多座,现在还有900多座。为了建设自己的国家,纪念先人向大海索取空间和陆地的伟大壮举,再现当年荷兰人向大海要耕地的情景,荷兰就有了闻名世界的风车节。每到这一天,荷兰大大小小的风车一齐开动,场面非常壮观,吸引了大批游人前去观赏,成为荷兰一项重要的旅游节目。

275. 捕豚节是哪个国家举办的?

说到海豚,大家一定会想到它聪明伶俐憨态可掬的可爱模样,在众多的海洋动物中,海豚可以说是人类最喜爱的海洋动物之一。在庆祝海洋的各种各样的节日中,就有了以海豚为主角的节日,这就是丹麦的海豚节。据说,丹麦的发罗群岛的先民们非常善于捕捉海豚,后来,

这一传统就成了丹麦人征服海洋、开发海洋的象征,于是,在每年的6月初,丹麦人就举行盛大的捕豚节,地点就选在发罗群岛。这一天,人们把海豚赶入海湾,然后吹响螺号,号召全岛人都来参加捕豚盛会。年轻的渔民在岸上人群的欢呼声中驾船下水,争捕海豚。被追逐的海豚好像故意和人游玩嬉戏,在海中上下翻动,时而冲向人群,时而掀起小船,场面异常激烈热闹。比赛结束,胜利者会获得各种各样的奖品。此后,海滩上一片欢腾,夜晚篝火熊熊,人们彻夜狂欢,载歌载舞。

276. 对妈祖崇拜是怎么形成的?

对妈祖崇拜从产生至今经历了近千年。作为民间信仰,它延续之久,传播之广,影响之深,都是其他民间崇拜所未曾有过的。它尽管几经起落,但是至今在中国各地特别是沿海地区仍然十分风行。

妈祖是中国民间传说中掌管海上航运的著名海神,也称"天妃"、"天后",俗称"妈祖婆"。自宋朝以来,随着航海家们的足迹所至,其影响遍及中国沿江、沿海地区及东南亚各国,成为世界上独树一帜的最具中国特色的妈祖文化。妈祖崇拜起源于宋代福建莆田沿海地区。妈祖姓林名默,父母信佛,传说宋代建隆元年(960年),她的母亲因梦见观音菩萨赐药而于福建兴化府莆田海滨生下妈祖,每年夏历三月廿三日为妈祖诞辰。妈祖八岁从师,十岁信佛,十三岁习法术。宋雍熙四年(987年),妈祖盛装登山石"升天"为神。妈祖生前好行善济世,常在湄洲海面,凭着她一身好水性和一颗菩萨心,在乘船渡海时多次救护遇难渔民和商人,终为救助海难而献身。

妈祖死后,当地居民对她怀念感戴,继而立祠祭祀,从此开始了对妈祖的崇拜信仰。从宋代开始,元、明、清历代都对妈祖有所褒封。清康熙三十三年(1694年),莆田当地居民开始对妈祖立庙奉祀,称妈祖为"通贤灵女",清朝廷封妈祖为"天上圣母"。奉祀妈

妈祖塑像

祖的庙称"妈祖庙"或"天后宫"。始建于北宋宣和四年(1122年)的山东长岛县庙岛显应宫(海神娘娘庙)是我国北方建造最早、影响较大的妈祖庙。从元朝到清朝,中国沿海地区和沿江地区先后修建了大批妈祖庙,其中以莆田湄州岛妈祖庙、天津天后宫、台湾北港妈祖庙为三大祖庙。已经回归中国的澳门,也叫妈港,外国人称澳门为Macao,即由此而来。位于澳门西南端妈阁街的妈祖阁,又叫"天后庙",始建于明弘治元年(1488年),有弘仁殿、大殿、石殿和观音阁等主要建筑,前三殿均祀妈祖神像。石殿建于明代万历年间,传说当时有一个福建商人在澳门附近海面突遇海难,万分危急中忽见一位女神站立前方山崖指引营救,这位福建商人终于转危为安。事后人们在此建石殿,并在殿前巨石上镌刻"利涉大川"四字以

示纪念。澳门人对妈祖的深深敬仰与怀念,不仅体现在澳门历史最悠久的古刹——妈祖阁上,而且还将妈祖的形象描绘在了澳门特别行政区的拾圆法定纸币上。

北起丹东,南到澳门、海南岛,东到台湾,西到重庆,由民间的妈祖崇拜发展而成的中国沿海渔民的妈祖信仰,如今已经形成了中国海洋民俗文化中具有广泛影响的妈祖文化。妈祖信仰不仅传播到了国内广大的沿海地区,而且还传播到朝鲜半岛、日本以及东南亚的沿海地区。

277. 中国沿海地区有哪些富有海洋特色的民俗节?

中国是一个海岸线很长的国家,沿岸地区也有很多极具地方特色的民俗节庆活动。如海南黎族传统的"三月三"已经发展成今日的"海南国际椰子节"。1991年4月20日,山东荣成举办了中国首届渔民节。据说这个节日源于当地渔民的传统节日谷雨节。因为从战国开始,当地每到谷雨之后,气候就开始转暖,不仅百鱼临岸,而且捕鱼的海汛也随之来到,于是,渔民为了祈求渔船出海平安,满载而归,渔民全家美满幸福,就设立了这个节日。每到这一天,渔民们除了进行扎彩船祭祀海神等活动外,又增加了经济贸易等商业和文化活动,充满了时代特色。特别是在1998国际海洋年前后,中国沿海地区举办海洋方面的民俗节日越来越多了,青岛海洋节和大连服装节算是最著名的了。

278. 台湾高山族有哪些与海洋有关的民俗?

台湾自古就是中国不可分割的领土,是一座美丽的宝岛。在台湾省的中部山区,居住着大部分的高山族人民。大概是由于身处海岛,濒临大海的原因,高山族有许多节日都和海洋生活有着密切的关系。如"丰鱼祭"、"飞鱼祭"、"招鱼祭"、"观雨祭"、"昼雨祭"、"夜鱼祭"、"渔组结成祭"、"小船初渔祭"、"渔猎中止祭"、"飞鱼干收藏祭"等

中国台湾岛上的"飞鱼祭"

等。较大的祭典要杀猪宰羊,族中的男人们头戴银或铁片做成的大帽,排成一排跪在海边,听族中年长者念诵咒语,这其中又以高山族中的阿眉斯人的海祭为最隆重。相传海神萨依宁与女始祖神里漏的儿子基波托交好,并

海洋文化

教会基波托造船的技术,两个人一起造出三只大船。后来里漏女神在海里不幸遇难,多亏这三只船相救才脱离危险。为了报答海神的恩德,后人每隔14年就举行一次隆重的海神祭祀活动。活动开始时,族人们乘上三艘古船在海上航行,以纪念先人。

海洋文化

海洋著作学说

海洋文化

279. 哪些中国古籍记载了中国人最早的航海活动？

古代中国的航海技术处于世界领先水平，许多中国古籍都记载了中国古人的航海活动。《古本竹书纪年》写道："东狩于海，获大鱼。"这是公元前21世纪—公元前16世纪的事，是中国夏朝航海活动的最早记载，说明当时的人已能到海洋中从事有一定规模的海洋捕捞活动。航海活动，在《诗经》中已有明确的记载。如《诗经·汉广》中有"江之永矣，不可方思"，这里的"方"古代是指渡水的筏子，"江"古指长江，但就实质意义而言与海并无差别，这句话意思是江水（海水）日夜长流，水面宽阔，不能坐筏子渡过去与心上人会面。"方"和后来的船相连用，又叫方舟。《诗经·有苦叶》中还记载了古人把大葫芦拴在腰间浮水过海的航海活动，并把葫芦称为腰舟。航海活动在东周时期，在山东到浙江沿海一带已很发达。北方的齐国和南方的吴国，是当时主要的航海国。这时航船出海，已经靠风力推帆前进。明代罗颀在《物原·器原》中说，是轩辕创造了舟楫，夏禹发明了柂，同时制造了篷柂和帆樯。也有人认为中国甲骨文中的"凡"字就是"帆"的原始字，是两根木棍中间挂这一张植物纤维编制或兽皮制成的帆的样子，并且在秦汉之际就自觉地利用季风作动力，使秦代人的远航和汉代的楼船进入印度洋的梦想得以实现。

280. 中国古代有哪些典籍系统描述了航海壮举？

古代中国可以称得上是世界上的航海大国。中国造船和航运的许多原理，早于西方1000多年；船尾的方向舵的使用比西方要早约400年;航海用罗盘针要早于西方200年,这说明中国对世界航海事业的发展作出了不可磨灭的贡献。中国古代航海的壮举在哪些中国古籍中有所记载呢?在中国,浅海航行从夏代就已经开始,据《古本竹书纪年》记载,夏朝第八代统治者帝芒,曾"东狩于海,获大鱼",可见当时帝王乘舟入海,已是相当保险的了。秦始皇统一中国后,曾派方士徐福乘船出海寻找长生不死仙药;秦始皇自己也于公元前210年在第五次巡行国内时,归途中由现在的江苏南部乘海船沿东海北上至山东芝罘半岛登陆,这在司马迁的《史记》中曾有过详细的记载。汉代,我国

徐福乘船入海

开辟了与东南亚各国的海上交通,西行航线延伸到印度洋沿岸。到了南北朝时,海上交通的范围已扩展到阿拉伯和波斯湾一带,这在《二十四史》中也曾有过记载。唐宋时期,中国航海的技术更得到空前的发展,鉴真东渡日本的历史故事充分说明了这一点。到了明代,《明史》更真实准确地记述了郑和七下西洋的壮举。在此之前的《汉书·艺文志》天文类书中,有5部关于海中识辨方向的专著,有136卷之多,这说明早在罗盘针应用于航海之前,中国人就已知道用观察日月星辰来辨别方向和航海

位置。明代李翊写的《戒庵志人漫笔》里就记载了这种"牵星法"。1119年成书的《萍洲可谈》中就记述了航海使用指南针的情况。此外,中国最早的航海图载于北宋《宣和奉使高丽图经》,《武备志》中附有郑和第一次远征的航海图,此图蜚声海内外。

281. 有哪些中国古籍体现了海洋文化色彩?

中国是一个历史悠久的文明古国,长期积累保存下来的中国古代典籍可谓浩如烟海,在这些古籍当中有哪些非常鲜明、丰富地体现了中国海洋文化色彩呢?从历史发展的过程来看,秦以前(公元前3世纪)的《诗经》、《周易》当中已有了海洋文化的萌芽;公元前3世纪末—6世纪,也就是秦汉到南北朝时期,《山海经》已经编定,郦道元的《水经注》也已完成;到了隋唐直至清末,也就是从6世纪到19世纪末20世纪初,中国人开始走出国门,周游世界,如玄奘足遍天竺、义净旅行南亚、鉴真东渡日本、汪大渊远航东非、郑和七下西洋等,具有浓厚海洋文化特色的著作开始大量出现,著名的有《大唐西域记》、《真腊风土记》、《岛夷志略》、《瀛崖胜览》、《异域录》、《海国图志》、《瀛环志略》、《海国见闻录》等,使中国海洋文化发展到了一个高峰。朋友们,你们读过这些书吗?

282. "徐福东渡"在哪些著名的中国古籍中有记载?

徐福是2000多年前秦始皇时期的传奇人物,他曾率领数千人的庞大队伍下海东渡,并成为千古之谜。古今中外既十分关注,又众说纷纭,出现了各种各样的传说和记载。据不完全统计,关于徐福东渡的记载,古代文献中多达100余处,其中较为著名的中国古籍有《史记》、《汉书》、《后汉书》和《三国志》这四部。如果你有兴趣的话,可在这些书中读到有关徐福东渡的文字记载。

283.《史记》中有哪几处关于徐福东渡的记载?

大家知道,古代文献中有关徐福东渡的记载虽然很多,但就其真实性和可靠性来说,应当首推西汉司马迁的《史记》。据考证,《史记》中有关徐福东渡的记载共有五处。第一处见于《秦始皇本纪》二十八年(公元前219年),称齐国人徐福上书说海中有蓬莱、方丈、瀛洲三座神仙住的仙山。秦始皇派遣徐福带数千童男童女去海上寻求仙人。第二处见于《秦始皇本纪》三十五年,称徐福等花费巨资却没能找到长生不死的仙药。第三处见于《秦始皇本纪》三十七年,写秦始皇梦见徐福率武士与海中巨鱼搏斗。第四处见于《封禅书》,写徐福等人虽借风力,但始终未能到达海上仙山。第五处见于《淮南衡山列传》,写秦始皇为得到延年益寿药,派徐福带童男女3000人入海寻找,而且又带去五谷的种子和各种工匠,徐福到达平原广泽,却自己称王而没有归来。

284. 徐福为什么要东渡?

关于徐福海上东渡的目的,历史上历来说法不一,但主要有五种说法:

第一是寻仙求药。这是《史记》的说法。1978年10月,邓小平访日时曾谈及传说日本就是以前的蓬莱国,有长生不老药,究竟有没有不知道,但希望带回日本先进的科学技术。1979年2月,日本新宫市市长将生长在该市

海洋文化

的传说中的长生不老药——"天台乌药"的三株树苗赠送给邓小平,这使得徐福东渡寻求仙药的说法更加流行。

第二是打通商路。中国历史学家翦伯赞认为徐福东渡路线,正是当时滨海一带的商人企图打通与日本诸岛商业的通路。

第三是殖民于海外。中国秦史专家马非百认为徐福东渡实际上是凭借秦始皇的力量在海外扩张殖民。

第四是寻找瀛洲。有人认为三神山中有瀛洲,而秦始皇认为自己是嬴族之后,嬴族就住在瀛洲,徐福东渡目的就是寻找嬴政祖先的足迹。

第五是开拓东方理想境界。有人认为秦国历代君主所追求的理想境界是"圣者国界",而"圣者国界"的东端在日出之地,这是秦始皇追慕实现的国界目标。所以,派徐福向东开拓。

285. 有哪些日本风俗表明徐福东渡是到了日本?

关于徐福东渡最终到了日本的说法,不仅中国国内有各种各样的传说,就是在日本,也是这样,而且连徐福东渡到达日本的遗迹和纪念地就有100多处,有的还作为日本风俗习惯一直流传到今天。据说,徐福一行分乘20艘大船在日本九洲佐贺县伊万里市一带登陆,所以人们称之为"秦津"。登陆后不久,又到附近一座秀丽的山上休息,此山就叫"黑发山"。1966年曾在黑发山附近发现"阿房宫朝砚",这为徐福东渡日本增加了一个证据。后来,徐福一行又在诸富町一带登陆,至今这里还立着一根"徐福上陆地"的标注。金立山建有祭祀徐福的神社,叫金立神社,把徐福尊为神社的"金立大权现",甚至连日本天皇也多次派特使前去参拜。山梨县富士吉田市建有纪念徐福的徐福祠、鹤冢和鹤冢碑等,据说徐福死后化作神鹤为当地人民谋求幸福。新宫市早玉町的速玉神社,也将徐福作为神灵之一来奉祀。速玉神社中珍藏了不少与徐福有关的文物,如徐福木雕像、徐福捕鲸图以及在祭祀徐

日本的徐福登陆处

福的"神马渡御式"和御船祭中所使用的徐福神轿、徐福马鞍、神幸船、白色神马等。"神马渡御式"每年10月举行一次,十分隆重。一般是先将神马和徐福马鞍由速玉神社送至阿须贺神社。然后在阿须贺神社将徐福马鞍套上神马,再回到速玉神社。第二天将徐福的神体请上神马,并开始沿街游行,然后将徐福的神体请往熊野河举行"御船祭"。日本纪念徐福东渡最隆重的活动是金立神社每50年举行一次的徐福大祭,最近的一次举行于1980年4月。当时正是金立神社创立2200年,也是徐福东渡2200周年,参加者成千上万,热闹非凡。

286. 徐福东渡走的是怎样一条航线?

熟悉中国历史的人都知道,隋唐时,日本曾派很多遣

海洋文化

隋使和遣唐使来中国学习和交流,但沉船的却很多。因此,有人提出这样的疑问:为什么比徐福东渡晚得多,造船技术也先进得多的日本遣唐使船那么容易沉没,而徐福却能成功呢?对此日本学者千叶宗雄解释说,一方面是由于日本遣唐使船的船长和重要船员人选不当,航海技术低下;另一方面是由于徐福东渡的航线不同于唐朝和日本间的航线。徐福东渡走的是哪一条航线呢?原来,徐福东渡是从山东琅琊出发,先沿着中国东岸向北航行,再渡海并沿着朝鲜西岸到南岸,然后借助于日本海的左旋回流到达日本。从中日两国出土文物的分布情况看,这条自然航线在先秦时期就被中国的航海者利用。因它是单向航线,所以中国早期的航海者往往有去无回,只能留在日本;而日本逆船走的航线是在长江口和日本之间,这部分海域自然条件恶劣,所以日本使船沉船的较多。

287. 日本的"阿辰观音"和中国哪位航海家有关?

在日本金立神社每50年举行一次的徐福大祭中,人们总是把徐福神轿抬至"阿辰观音"宫前,你知道这是为什么吗?原来,徐福奉秦始皇之命赴海东渡到达日本以后,就由日本当地的酋长玄藏带路登上了金立山游览,玄藏又在家中设宴招待徐福,并由女儿阿辰陪席劝酒,结果徐福与阿辰一见钟情,后来两人常在现在被称作"夫妇石"的地方幽会。如今仍有很多恋人常来此占卜,据说只要能将树枝贴到这块夫妇石的侧面,这对恋人便可喜结良缘。徐福夫妇俩死了以后,人们就在金山建了一个金立神社,把徐福尊为神社的"金立大权现",当地人也为阿辰造了一尊雕像,称作"阿辰观音",常年供奉。在金立神社每50年举行一次的徐福大祭中,人们把徐福神轿抬到"阿辰观音"宫前,目的就是让这对情侣再见上一面,以此来表达后人对他们的思念。

288.《徐福文化集成》是何时出版发行的?

徐福东渡的故事和传说,不仅在中国家喻户晓,在日本也是妇孺皆知。千百年来,关于徐福的传说、记载和研究,有许多有价值的观点和资料,但没有一本系统地研究徐福文化的刊物和书籍资料。由中国徐福文化交流协会主持编辑的《徐福文化集成》(第一辑)于1996年出版。《徐福文化集成》(第一辑)汇集了国内外著名专家、学者、作家多年来关于徐福和徐福文化的研究成果,具有很高的学术价值和艺术价值。第一辑共分5卷,约125万字。为扩大影响,加大宣传力度,中国国际徐福文化交流协会还编辑出版了《徐福故里论证辑要》和《徐福文化交流》杂志。

289. 哪些中国古籍可证明是中国人最早发现和到达美洲的?

美丽富饶的美洲到底是哪国人最先发现和到达的,这一热门话题自进入20世纪以来引起了众多学者的关注和研究,答案也是五花八门。随着研究的深入和发展,特别是到了20世纪70年代后期,一些美国科学家重新研究了中国的《山海经》后,从中得出了震惊世人的结论:是中国人早在3000多年前就已到了美洲。为什么这么说呢?原来,在《山海经》中所描述的"东海以外"的山川形势,不仅与北美西部和中部的地形相契合,该书还对北美风物做了不少生动有趣的描述。论说中国人最早发现和到达美洲新大陆的中国古代典籍除了《山海经》之外,还有《梁书》、《汉武洞冥记》、《杜阳杂编》等,《梁书》记载了高僧慧涂漫游墨西哥的情况。中国的佛教徒,也曾在458年,沿着阿留申群岛和阿拉斯加,到达了美洲的墨西哥、秘鲁等地。5世纪的时候,墨西哥也记载有"外来的伟大人物"传入新教之说,这和《梁书》的记载是非常吻合的。

中国古代航海图

290. 中国古代哪些书籍表达了海陆变迁的思想?

大家知道,自古以来,就有人注意到地球表面上的山川海洋,并不是永远"安如泰山"、"稳如磐石"的,它们是在不断发生变化的。只不过人在短时间里无法明显地看到而已。但是,中国古代的人们,却通过自己的实践和思考,极具智慧地形成了有关海洋变成陆地,大陆变成汪洋的海陆变迁思想。最早记录这一思想的典籍要算中国古代第一部诗歌总集《诗经》中的记载了。西汉的《焦氏易林》又将这一思想形象化了。到了西晋初年,一个叫杜预的人还专门做过有关地表升降变化现象的人口试验,并且记录在《晋书·杜预传》中。大约60年以后,东晋的葛洪(约281—341年)在他的《神仙传》中的《麻姑》与《王远》两篇作品中,也表达了沧海桑田变化的思想。唐代的大书法家颜真卿在《颜鲁公文集·抚州南城麻姑山仙坛记》里还用自己的所见,证实了葛洪的观点。宋朝的大科学家沈括(1032—1096年)的《梦溪笔谈》与大思想家朱熹的《朱子大全》则是对海陆变迁思想最全面的论述。中国古代的先贤以自己的聪明才智为人类的海洋文化作出了自己的贡献。

291.《诗经》是怎样表述海陆变迁这一思想的?

《诗经》是中国古代第一部诗歌总集,收集的是公元前11世纪—公元前6世纪的诗歌共305首,大约在公元前6世纪编定成书,主要记录的是西周王朝到春秋时代的各种生活。《诗经》中的《小雅·节南山之什》里的《十月之交》一诗,创作于周幽王六年。作者以当时出现的山崩、河沸等巨大自然灾害,来讽刺掌权统治者的乱政殃民,从另一个侧面朴素地反映了海陆变迁的思想。这是我国最早反映这一思想的文字记载。《诗经》是怎样表述的呢?原文写道:"烨野震电,不宁不令。百川沸腾,山冢崒崩。高岸为谷,深谷为陵。哀今之人,胡憯莫惩。"这段话的意思是说:"电光闪烁,雷声隆隆,令人感到恐惧万分不得安宁。许多大川大河里的水就像开锅了一样沸腾不止。突然之间,高高的山崖变成深谷,原来的深谷隆起成高高的山岭。可怜当今的人们啊,对此为什么不引起警惕呀。"表面上这段话好像讲的是地震现象,可是你想,大海变成高山,高山变成平地,平地上一片汪洋,发生这么大的地表变化,地震就是不可避免的了。中国古代的人们就是凭着这样细致的观察,朴素地产生并总结了海陆变迁的思想。

292. 《管子》的"官山海"政策指的是什么?

《管子》相传是春秋时代齐国的管仲所著,他在其中的《海王》篇中第一次提到了"官山海"政策。"官"在古代汉语中通"管",是管理、控制的意思。"官山海"政策就是由国家政权控制和管理山林川泽和沿海资源的政策。管仲认为齐国既要增加国家的财政收入,又要减轻人民的赋税负担,"惟官山海为可耳",意思是说唯有管理和控制好山林沿海资源才能办到,其主要内容是管理矿产和盐叶即铁和食盐,国家只有控制了盐和铁这些人们日常生活的必需品,财政收入才能增加,国家也因此才能兴旺。管仲为了实行"官山海"政策,明令禁止私人煮盐;开采铁矿时开采者要按"民七君三"的比例向政府纳税。当时的齐国国君正是采纳了管仲"官山海"的政策,才使齐国强大,成为战国七雄之一。

293. 《论衡》首次提出的重要海洋学内容是什么?

《论衡》是我国东汉时期最著名的无神论者王充(27—97年)撰写的一部具有朴素唯物主义思想的著作,共30卷,85篇,20多万字。他在《论衡》这部书中论述的有关海洋学的内容,就是在中国第一次提出了潮汐周期与月亮盈亏的关系。他是这样表述的:"涛之起也,随月盛衰,小大满损不齐同。"这一学说,开创了中国月生潮汐论的先河。

294. 义净的著作有什么意义？

义净(634—713年)是唐代著名的高僧。他非常仰慕法显和玄奘的求佛高风,决心西往求法。671年,义净从广州出海,沿途经过现在的印尼苏门答腊岛东岸南部的利佛逝(今尼可巴群岛裸人国)、耽摩栗底(今印度加尔各答西南)等地,到达那烂陀寺(今比哈尔附近)。他前后求法共10年,后经原道返回利佛逝,在这里翻译了6年佛经,于689年回到广州,695年返回洛阳,以后在洛阳和长安(今西安)等地从事翻译工作。义净在归途中曾撰有《大唐西域求法高僧传》和《南海归内法传》两书,记录了南海地区岛屿的众多资料,内容包括风土、民情、交通和物产等。此书深受东西方学者的珍视,在向国外介绍中国的地理、历史和文化方面作出了重要贡献。

295.《抚州南城麻姑仙坛记》是怎样证实沧海变桑田的？

学过中国书法的人,可能都知道"颜筋柳骨"这句话,说的是唐朝的两位大书法家的书法风格。"柳"指的是柳公权,他书写的《神策军碑》,笔力刚健,字字如刀劈斧削,极具阳刚之气;"颜"指的是颜真卿,他书写的《多宝塔碑》,则字字饱满、妩媚,但是字中内在的筋骨却又充满生命的活力。因此,他们两人的字就成了后世书法爱好者的首选字帖。你可知道,大书法家颜真卿对海陆变迁这一现象也有着深刻的认识呢。颜真卿写了一部《抚州南城麻姑仙坛记》,收在《颜鲁公文集》中并刊刻出来。除了书法价值外,此书证实了沧海桑田这一海陆变迁的思想。颜真卿是怎么说的呢？他说他不仅在抚州城南的麻姑山见到了"高石中犹有螺蚌壳"这一自然界变化的证据,而且,他还在东晋葛洪《神仙传》所述的《麻姑》与《王远》传说的基础上分析、比较,得出自己的判断,认为这种现象"或以为桑田所变"。

296. 最早准确提出海陆变迁思想的是谁？

《晋书·杜预传》中有这样一个历史故事,说中国晋代的杜预,经常对人说高山会变成深谷,深谷会升成山岭。他把他的话刻在了两座石碑上,并把其中的一座埋到万山下面,把另一座放到岘山顶上,并预言过若干年后,这两座石碑会成为他说的话的见证。杜预的话只是对海陆变迁思想的推测而已,真正对这一思想最早进行全面论证的则是宋朝的大科学家沈括。他在《梦溪笔谈》中说,他曾经沿太行山向北而行,看到在高高的山崖之间,往往有海螺和蚌壳化石出现,有的石头像鸟蛋一样光滑,而且像一条带子一样横卧在石壁上。于是,沈括推测这里过去是海滨,现在却距离东海有数千里的距离。沈括根据卵石形成的环境和岩层中保留的螺蚌壳化石推断这是昔日的海滨,从而成为中国古代最早最全面提出海陆变迁思想的人。

297. 为什么说沈括也是海洋学家？

沈括是中国古代非常著名的科学家,出生于北宋天圣九年(1031年)钱塘的一个士大夫家庭。他母亲许氏也是苏州的一个士大夫家庭出身。沈括不仅以文章和政见闻名于当时,而且还深研军事理论,擅长武术,他的《虎铃经》是一部著名的军事著作。沈括在科学方面的成就也很多,尤其是在数学、天文学、医药学等方面。为什么说沈括又是海洋学家呢?大家知道,地球上发生过沧桑巨变,原来的海洋在地球巨变中变成了陆地。对这一现象,沈括在他的《梦溪笔谈》中有过最早而且明确的论述和说明。他发现在太行山崖间有螺蚌壳,由此断定"此乃昔之海滨",而今成了大山;海洋中的生物蚌壳就是海洋的标志,并断定太行山"今东距海已近千里,所谓大陆者皆浊泥所湮耳!

沈括像

尧殛鲧于羽山,传说在东海中,今乃平陆"。这些证据和论断,沈括是第一个记述并论说的。此外,沈括不仅具体地论述了海洋潮汐涨落变化的规律,而且还对"港口平均高潮间隙"下了定义,这是世界潮汐学史上最早的关于"高潮间隙"的理论,这一理论的提出比西方早了102年。所以,沈括被称为海洋学家是当之无愧的。

298.《梦溪笔谈》对中国海洋文化有什么贡献?

  沈括(1031—1095年)是中外驰名的科学家,他的《梦溪笔谈》被誉为中国科学史上的里程碑。他是北宋时期钱塘(今杭州)人,是北宋最杰出的自然科学家,也是一位非常有抱负和作为的政治家。他在57岁以后,闲居润州(今镇江东郊)梦溪园完成此书,因此命名为《梦溪笔谈》。全书正编26卷,共609条,内容涉及自然科学和社会科学广阔领域。他对中国海洋文化的主要贡献,一是他认

海洋文化

为"大陆者,皆浊泥所湮耳",他根据太行山崖有螺蚌、鹅卵石,判定"此乃昔之海滨,今东距海已近千里",正确解释了水搬运和堆积作用是华北平原形成的根本原因,对中国古代"沧海桑田"的海陆变迁作了科学论断;二是实地观测海潮涨落规律,得出"每至月正恰子午,则潮生"的正确结论。此外,沈括还在地质、气象、天文、石油等方面有独到见解。

299. 郑和有哪些关于海洋的思想、理论与学说?

中国明代的郑和因七下西洋的航海壮举而成为15世纪以来著名的历史人物。郑和七下西洋,前后历时28年,航经亚非30多个国家和地区,最远到达了非洲东岸、南岸,拉开了世界大航海时代的序幕。郑和七下西洋的实践,确保了明初国内外海道的畅通,稳定了中国东方和南方周边形势,遏制了来自海上的威胁,有力地掌握、控制了南中国海的主权,壮大而且捍卫了中国的海疆。这些航海实践都源于他的海洋观念和思想。郑和深深懂得海洋对国家兴衰的重要,早在15世纪就提出关注海洋、富国安邦之说,鲜明地揭示了国家、海洋和海军之间的关系;预见可开发海洋资源,坚持海上贸易可以富国的观点;强调了壮大海军、控制海洋可以安邦的学说。他的这种海洋意识、海权思想和海防观念与美国人马汉在1890年前后提出的"海权论"有一定的相似性,但比它早约500年。

300. 完整地记录世界上最早用指南针导航的书是哪一部?

1123年,徐兢受北宋朝廷之命,出使高丽(今朝鲜半岛)。他随使团从浙江宁波起程,穿过波涛汹涌的黄海,到达朝鲜半岛的西岸,在仁川登陆,进入高丽王朝开城。完成出使任务后,于同年回国。第二年,也就是1124年,他写出《宣和奉使高丽图经》一书,该书的重大意义在于,书中记载了整个航程用指南针导航的情况,是世界上最早用指南针导航的完整记录。它说明宋代航海技术居世界领先水平,遗憾的是后来图失文存。《宣和奉史高丽图经》是12世纪中国的航海宝鉴。

301.《真腊风土记》记载了中国人哪次大航海?

中国元朝时,有一个著名的航海旅行家叫周达观。1296年,朝廷派出使团出访真腊(今柬埔寨),周达观就是这个使团的成员之一。使团从浙江宁波起程,由温州出海,经过越南中部,抵达真腊的吴哥王都。周达观在这次出使过程中积累了丰富的第一手资料。1297年回来后,他将这次出使的见闻写成了《真腊风土记》一书,既记载了这次航海旅行的过程,又生动地展示出中世纪柬埔寨的农业、手工业、商业贸易的状况和民间的风土人情,具有重要的史料价值。柬埔寨人民为了永远纪念他,在吴哥古窟为周达观塑了一座石像。

302.《岛夷志略》有什么文化价值?

汪大渊是元代民间航海事业的杰出代表、远洋旅行家。他少年时代就立志考察海外,20岁时,终于实现了梦想。他于1330—1334年和1337—1339年曾先后两次出海,历经220多个国家和地区。第一次从福建泉州出航,经南海,绕道马六甲,到尼可巴群岛,再经斯里兰卡、印度西海岸,到伊拉克的巴士拉。第二次也是从泉州出航,经南海,横越马来半岛,由陆路进入按德曼海峡,后再经印度南岸,赴西亚一带,最后到达了东非的桑给巴尔。另外,他还向东航行,到过菲律宾、帝汶岛、马鲁古群岛。他的行踪遍及东亚、东南亚、南亚、西亚以及印度洋、地中海地区的100多个国家。尤为可贵的是,他在远航过程中,随手记下了大量见闻,第一次远航归来,就整理出了航海记录。第二次归来,又在原来整理好的材料基础上,又增添了许多丰富的内容,写成了《岛夷志略》一书。这部实地见闻有很高的史料价值,它把14世纪的南海、印度洋和东非海岸的社会生活状况,真实生动地展现出来,如印度半岛上的纺织品和胡椒生产及货币的使用情况,东非海岸的层摇罗(今桑给巴尔岛)出产的江檀、紫蔗、象牙、龙涎、生金、胆矾等土产与中国的牙箱、花银、五色珊瑚等货物贸易的情况,以珍贵的第一手资料在海内外享有很高的声誉。

303. "郑和下西洋"在哪些史料中有记载?

西洋,是明朝人对加里曼丹岛以西海域的习惯称呼。明朝大航海家郑和,自1405年从江苏太仓刘家河上船至福建王虎门出海的第一次出使,到1433年先后七次率领船队远航,到达东南亚、南亚、东非沿岸约30个国家和地区。《武备志》中保存的"郑和航海图"上收录了300多个地名,其航程之远、纵横之广、规模之大可见一斑。在郑和第七次出航前,在福建长乐县南山寺立的"天妃灵应碑"上,可知他前六次出航的时间和经历。特别值得一提的是,最早记录郑和下西洋的史料是随同郑和下西洋的官员写的,如第二、三、四、七次随行的费信写了《星槎胜览》,第四、七次的随行译员马欢写下《瀛涯胜览》,第七次随行人员巩珍写了《西洋番国志》等,这些以郑和下西洋的实地见闻写成的史料,为世界航海史和地理史写下了光辉的一页,是值得中国人感到自豪和骄傲的。

304. "郑和下西洋"在海外有多少传说、故事和遗迹?

郑和下西洋这一壮举,历来被中外传为佳话。明代的小说家罗懋登编了一个《三宝太监西洋记通俗演义》以后,使郑和在当时家喻户晓。时至今日,在东南亚国家中流传着不少郑和访问当地时的故事、传说或遗迹。比如在

《郑和下西洋》

印尼有三宝祠、三宝井、三宝巷、三宝墩,在爪哇岛上还建有三宝祠堂,马来西亚有三宝山、三宝宫、三宝寺塔等。斯里兰卡科伦坡的博物馆里,保存了一块石碑,碑文用汉文、泰米尔文、波斯文三种文字刻成,文中记载了1409年郑和第二次下西洋,航行到锡兰山(今斯里兰卡)时,向这个国家立佛寺布施物品的情况。这一切都说明了大航海家、旅行家郑和永远被人们怀念着。

305. 郑成功有哪些关于海洋的思想、理论和学说？

中国清代的郑成功，因在1661—1662年完成了收复台湾的大业而名垂史册，成为中华民族的民族英雄。这一丰功伟绩的取得，是与郑成功关于海洋的思想、理论和学说密切相关的。郑成功早在1646年就向皇帝提出了"通洋裕国"、"以商养战"的主张。"通洋"，就是面向海洋，对外开放；"裕国"就是繁荣经济，建设富强国家；"商"就是海上贸易；"战"就是抗清复台的政策和军事建设。这个主张和学说在认识、利用、开发、保卫海洋上显示出高瞻远瞩的真知灼见，创造出海洋军事、政治、外交、经济相结合的光辉业绩，比郑和500年前经略海洋的思想在发展海洋经济上又有重大发展。同时，郑成功认为要通洋，不能禁海；要开放，不要闭关锁国；既要重陆但也不能轻海；坚持依靠海上武装力量，坚持官商结合海上互惠贸易；驱逐荷兰侵略者，收复台湾，统一祖国，开创东、西洋的周边稳定经济交往繁荣的大好形势。这些海洋思想学说至今仍有许多值得我们借鉴和学习的地方。

306.《海运全图》有哪些内容？

《海运全图》是明代郑若曾撰写的，共一卷，图为长条形，分四幅，收入《郑开阳杂著》中。全图载地名289个，分为府、巡、司、州、县、城、卫、所、镇、关、寨、盐场、天妃宫、观、山、岛、沙、洞、洋、江、河、水、湖、濠、川、口、门、湾、塘和荡等30类。其中县名53个，岛名50个，山名35个。海道南起福清县、北抵朝鲜，过50多座岛屿。图中还有"海运至北转此角"、"北大海运道"和"河入海处"等注记文字,图上标有四个方向。图后的说明和附录主要论述海道的变迁、各海道的自然状况等,这是一幅较早的流传至今的海运图。

307. 澳门"丝银之路"有哪三大航线?

自从1557年葡萄牙人入侵澳门以后,澳门于16世纪80年代进入经济繁荣长达80多年的黄金时期,成为沟通东西方经济的重要国际商埠和东西方文化融汇之地,为16世纪的海上环球贸易,谱写了极其重要的篇章。在这段黄金时期,逐渐形成了以中国大陆为腹地,以澳门为中转港的明代海上"丝银之路"。"丝银之路"以澳门为中心,开拓了三大航线:一条是澳门—印度—里斯本;另一条是澳门—长崎;还有一条是澳门—马尼拉—墨西哥。这三大航线相互延伸,形成了国际贸易大循环之势,开创了海上贸易的黄金时期,在17世纪国际贸易史上留下了光辉篇章。在这三大航线的运行中,由中国内地经澳门运出的是大量的丝绸,而由海外经澳门运入中国内陆的则是大量的白银,因此,人们形象地把这三大航线称为明朝澳门"丝银之路"。

308. 《裨海纪游》主要记载了中国哪座海岛的情况?

《裨海纪游》,又叫《采硫日记》,作者是清代的郁永河。他于康熙三十六年(1697年),不顾年过花甲,从福建出发去台湾,游遍台湾的山山水水,于当年采用日记体的形式写成此书。书中记载了台湾岛的自然地理、经济地理和火山、地震、矿产等地质方面的内容,以及台湾海峡的水文、气象情况,生动地描述了台湾岛山溪众多、地震频繁、台湾海峡飓风频繁等特点,是研究台湾历史地理的重要文献。

309.《海国闻见录》主要有哪些内容?

《海国闻见录》是清代人陈伦炯撰写的一部介绍中国沿海地理形势和世界地理的综合性海洋著作。陈伦炯是福建同安(今厦门同安)人,出身于官宦家庭,年轻时曾经当过水手,数次航行于中国沿海,东达日本,西到波斯湾。他博览群书,对航海情有独钟,因不满意以前的航海书籍,于是以自己的亲身历闻和对海外来客的访问,于1728年出版了《海国闻见录》。全书分上下两卷,上卷的内容有记录中国沿海地理形式的《天下沿海形势录》,有记录朝鲜半岛、日本和琉球等岛国情况的《东洋记》,有记录台湾和菲律宾群岛的《东南洋记》,有记录印度支那半岛和马来半岛等情况的《南洋记》,有记录南亚、西亚和中亚地理的《小西洋记》,记录非洲和欧洲地理的《大西洋记》,有记录南海昆仑岛的《昆仑记》和记录中国南海诸岛的《南澳气记》,其中以《天下沿海形势录》内容最精,价值也最高。下卷则是附图,有表示东半球图的《海洋总图》,有勾勒沿海中国形势的《沿海全图》和《台湾图》、《台湾后山图》、《澎湖图》和《琼州图》(即海南岛图),其中《沿海全图》内容最详。《海国闻见录》对当时中国人了解和认识世界、沟通东西方思想以及经济、文化交流等有着积极的作用,对清代的魏源和蔡方炳等人的海权思想有积极的影响,对建设今日中国的沿海港口,仍有一定的参考价值。

310.《海国闻见录》有什么历史功绩？

1907年初（清光绪三十三年），野心勃勃的日本帝国主义在取得了甲午战争和日俄战争的胜利后，又想进一步掠夺中国的领土。日本驻北京公使日置益向清政府总理大臣衙门提出交涉，称东海里的东沙诸小岛归属琉球国，而日本已吞并琉球，因此东沙诸岛也应属于日本，而且日方还说日本商人西泽吉二早在几十年前就在东沙岛上雇佣当地人打鱼晒盐，围垦土地，岛上早就飘扬着太阳旗，这些都是东沙诸岛属于日本的证据。当时清政府腐败无能，朝廷官员更是贪生怕死。既缺乏海洋知识又早被洋人吓破了胆的慈禧拿不定主意，只好下旨给两江总督端方与日本人应付周旋，能保则保，不能保就拖。端方领旨后也是一筹莫展，不知该怎么办才好。不到一个月，日本代表矢野志之郎就带着三个随员，迫不及待地从日本赶到南京，天天与两江总督衙门交涉，并限期解决问题。急得像热锅上的蚂蚁一样的端方，忽然想起当时正在镇江养病的好友、高级幕僚陈庆年（1861年生，今江苏丹徒县人），并把他接到南京。陈庆年非常爱国，才华出众，还懂英语，担任过湖南、湖北省图书馆的主办，在教育界有较高的地位。抱病赶回南京后，陈庆年就以正式代表身份与日本人谈判。他据理力争，寸步不让。恼羞成怒的矢野，狡诈地将曾从事过江浙海域地理测量的英国人金略特用英语写的三卷本《海道图说》一书，作为自己的证据；因为这本书上未标注东沙诸岛是清帝国疆土。陈庆年并未惊慌，他赶回江南图书馆，带领助手们遍查馆

海洋文化

藏的东南沿海方志、史志和海洋著作,终于查到了一部于清雍正五年(1728年)的《海国闻见录》,令他欣喜若狂。在这部书的"沿海形势图"中均标明东沙诸岛为中国领土,还注明早在宋代,那时称作天沙岛的东沙诸岛就在宋朝政府的管理下建有码头、蓄淡水池及卫军堡寨等。陈庆年当即向日方代表出示了《海国闻见录》,矢野等人被这部书中铁的事实驳得理屈词穷,只好无功而返。

311. 哪部著作是中国的第一部潮汐史?

清代俞思谦编撰的《海潮辑说》,被认为是中国第一部潮汐史。它成书于1781年,全书共分上、下两卷,3万余字。上卷6章,论述潮汐成因;下卷14章,主要论述河口潮汐、外国潮汐以及应潮泉和应潮物等。俞思谦是浙江海宁人士,海宁又位于钱塘江最好的观潮地。作者通过自己的实地观察,以及对上自公元前11世纪,下至乾隆年间典籍中有关潮汐历史资料的搜集考证,撰成了中国第一部潮汐史专著。它总结了中国古代学人对潮汐成因的各种认识,并确认《周易》是阐述潮月说的最早著作,书中所保存的潮史文献,为研究中国潮汐学史提供了宝贵资料。

312. 哪些史籍证明钓鱼岛自古就是中国领土?

位于中国台湾省基隆市东北约92海里的钓鱼岛及其附属岛屿,自古以来就是中国神圣不可侵犯的领土。然而,日本一些军国主义分子竟不顾历史事实,肆意歪曲,妄图占有钓鱼岛。事实上中国历史上很多海洋史籍都能够证明钓鱼岛自古就是中国的领土。早在明朝中国

255

就有关于钓鱼岛的历史文献记载,见明朝永乐元年(1403年)的《顺风相送》一书。钓鱼岛当时叫"钓鱼屿",1534年明朝第十一次册封使陈侃在他所写的《使琉球录》中记载

《天妃圣迹图轴》中的出使琉球帆船图(清)

了他与琉球使者同船离开中国赴琉球的文字:"……过钓鱼屿……见古米山乃属琉球者,夷人歌舞于舟,喜达于家。"意思是说当时的琉球人只有过了钓鱼岛,到达古米山岛后才算回到了祖国,这说明钓鱼岛是属于中国的。1562年明朝浙江提督胡宗宪编纂的《筹海图编》一书中将

钓鱼岛作为中国的领土列入中国的防区。1562年出版的《重编使琉球录》已将赤尾屿作为与琉球分界的标志。到了清朝,第二次册封使汪辑1683年赴琉球并写下了《使琉球杂录》,书中说他途经钓鱼岛时,当地渔民告诉他,他的船所经过的海槽即是"中外之界"。1756年赴琉球的周煌在其《琉球国志略》第十六卷中也证实以海槽相隔,赤尾屿以西的钓鱼岛各岛皆为中国领土。而1719年赴琉球的康熙册封使徐葆光所著《中山传信录》对当时日本和琉球影响最大,书中说古米山是镇守琉球边关之山。这说明明清两朝政府一直视钓鱼岛为中国领土。直到清光绪十九年(1893年)十月,慈禧太后还曾下诏书将钓鱼岛赏给邮传尚书盛宣怀,作为采药用地。这一切都充分证明了钓鱼岛是中国的领土,决不容他人染指。

313. 为什么说《郑和航海图》是"真正的航海图"?

大家知道,15世纪中国伟大的航海家郑和统率当时最庞大的远洋船队七下西洋的壮举,将中国古代航海事业推入了顶峰阶段,其航海时间比哥伦布早了半个多世纪。郑和被梁启超称为"祖国大航海家",《郑和航海图》也被世界著名学者李约瑟博士誉为"真正的航海图"。这张图为什么会受到国内外学者的高度评价呢?这是因为《郑和

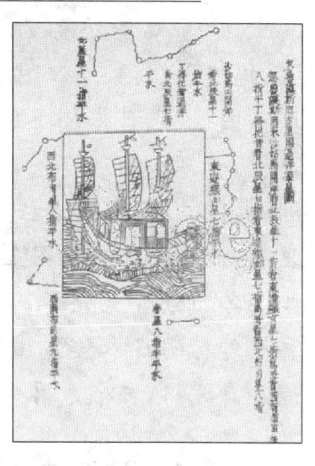

郑和航海图

航海图》将船舶航行的天体定向与定位、罗盘指向与针路、路标识别导航、航路指南与推算等航海技术包容为一图,不但是我国历史上最早的远洋航用海图,而且也是一部反映明初航海技术的百科全书。它涉及的海区广阔,航线漫长,绘图风格写实,图文配合。这幅图现仅存于明朝茅元仪辑录的《武备志》中,虽历经近 400 年,但图依旧清晰。1998 年 6 月,由江苏太业广告文化传播有限公司设计制作的《郑和航海图》,共 46 幅,长 5 米多,和原图完全相同,它被选作 1998 国际海洋年专用礼品,作为中华民族认识海洋、利用海洋的光辉历史纪念。

314.《万里海防图》有什么特点?

《万里海防图论》是明代郑若曾和同事邵芳对旧作《海防图论》重新加以考订完成的。书中所记东起广东,北到辽东,计程 8500 余里,绘图 75 幅,各图均附有说明。其中这 75 幅图统称为《万里海防图》。其中广东图 11 幅、福建图 9 幅、浙江图 21 幅、直隶图 8 幅、山东图 18 幅、辽东图 5 幅、日本图 2 幅、日本入寇图 1 幅,图上标有巡司、县营、所、堡、古城、都、楼、寨、堠、驿、渡港、山、岭、墩、洲、嘴、包、湾、浦、澳、池等。和现在的地图不同的是,《万里海防图》中的海在图上方,陆地却在下方。在日本图上绘有各州位置及州界、海岛,在注记中列出各州领郡数,并格外标明日本倭寇进犯中国的路线和登陆点,中国陆地画有方格,每个方格是 200 里。

315.《七省沿海全图》有什么特点?

《七省沿海全图》由清代周北堂编纂,刊于 1843 年。

全图折叠式成册装帧,共45页,每页高为29.8厘米,宽为21.8厘米,采用中国传统写景法完成。所指七省在图中从北到南分别绘有奉天(今之辽宁)、直隶(今河北天津)、山东、江苏、浙江、福建和广东沿海。所绘地物有沿海州、府、县治、入海口和岛屿。如浙江部分标有府治6处、州治1处、县治24处、入海口8处、岛屿136个,其他地名47处。和其他海图不同的是,图上方为陆地,下方是海岛,海岸线居中,少数地方注有海水深浅说明和泊船地点等,非常实用。

316.《古航海图考释》有什么价值?

古代的中国人在长期的航海实践中,曾经绘制了大量的航海图。但是,由于年代不同,标准不一,名称多变,以及朝代的更替,使得有些海图失去了应有的价值和意义。因此,对中国古代的航海图进行考证、修订和说明,既是对中国古代海洋文化遗产的继承和开掘,也为研究中国的航海史和实用科学史提供了极其珍贵和重要的研究资料。1980年由海洋出版社出版的《古航海图考释》就是具有这种价值的一部航海图书。古海图原来都是旧抄本,共有航海图69幅,包括了中国大陆边缘绝大部分的近海航线。图中不仅画有山形、水势、岛屿、沉礁、港湾、城镇等,而且注有关于罗盘针位、行船路线和航程里数等方面的简要文字。这些航海图的绘制时代在18世纪初期以前,溯源可推至明代以前。图面质朴、实用,注记文字多为民间土语俗语,是中国古代从事航海的劳动人民自编自用、世代相传的图本。

317. 孙中山的海权思想表现在哪些方面？

孙中山是中国革命的先行者，也是一位十分重视维护中国海洋权益的民主主义革命家。他在争取中华民族独立和国家富强的革命斗争实践中，逐步形成了深刻的海权思想。首先，孙中山认为从西方列强手中争回海权，是中国实现民族独立和国家自由富强的重要条件；海权的竞争由地中海移至太平洋，而太平洋的重心是中国，争太平洋的海权即争中国之门户权，对太平洋海权的争夺绝不能退缩和让步。其次，孙中山认为一个国家要掌握海权，必须有强大的海军，主张中国应将"海军建设列为国防之首要"，并提出了"兴船政以扩海军"的实施措施和方法。此外，孙中山认为海军建设应抓好舰械构造、人才培养、军港要塞建设等几个方面，而且强调海南岛是"南洋门户"，"固海疆之要区，南方之屏障"，要将其建设成重要的"海军根据地"，他还提出从"固海防"的角度应将海南岛设省。

孙中山的海权思想非常深刻，是近代中国海权观进步的一个重要标志。

孙中山像及手迹

318. 现行"中华人民共和国全图"格式存在什么问题？

你也许很惊讶，"中华人民共和国全图"是经过中国最权威的测绘专家精心勘测出来的,怎么还会有问题呢?问题不是出在中国地图的内容上,而是在它的格式上,可以说它没有体现中国的海洋国土意识和现代海洋文化观念。为什么这么说呢?你看,大家通常见到的中国地图,几乎都是千篇一律的长方形,其长宽比例大致为3∶2;而将海南岛以南的南海诸岛及海域,缩小后标在地图的右下角,致使这一广阔的海域在直观上看到的只是很小的一部分。大家知道,我国的版图本来是由大陆、岛屿和海域组成的一个整体,而在地图上却人为地分开绘制,这在世界各国地图的绘制中也是罕见的。以马来西亚为例,它地跨加里曼丹岛和马来半岛,但其地图仍绘制为一幅完整的地图。由于中国地图长期这样分开绘制,在人们印象中中国版图就只是由一块大陆与台湾、海南岛等靠近大陆的岛屿组成,而对南海诸岛的广大海域印象十分模糊。也许你会问,中国地图存在这么严重的问题,那该怎么办好呢?以海南省的海口市为准,向南到曾母暗沙约1800千米,把地图长宽改为1∶1的比例,那就可以完整地绘出包括大陆、岛屿与海域的一幅中国全图。将中国地图的长宽比例由3∶2的长方形换成1∶1的正方形,其意义决不是在于一种绘图形式的变更,而是强调和加深人们的海洋意识和观念。

319. 什么是海上丝绸之路?

海上丝绸之路也叫"陶瓷之路"、"丝绸之路"、"香料之路"、"茶叶之路",是古代中国与外国交通往来、经济贸易和文化交往的重要海上通道。海上丝绸之路主要以南海为中心,起点主要是泉州、广州,所以又称"南海丝绸之路"。海上丝绸之路形成于秦汉时期,发展于三国隋朝时期,繁荣于唐宋时期,转变于明清时期,是已知的最为古老的海上航线。

在陆上丝绸之路之前,已有了海上丝绸之路。它主要有东海起航线和南海起航线。海上丝绸之路是古代海道交通大动脉。自汉朝开始,中国与马来半岛就已有接触,尤其是唐代之后,来往更加密切,作为交通和贸易往来最便捷的途径首先是航海,而中国和西方各国的经济贸易与文化交往也利用此航道做交易之道,这就是历史上所说的海上丝绸之路。海上丝绸之路在隋唐时期运送的大宗货物以丝绸为主,因此历史上习惯地把这条连接东西方的海上通道叫作"海上丝绸之路"。到了宋元时期,中国的瓷器出口开始成为主要贸易货物,所以人们也把它

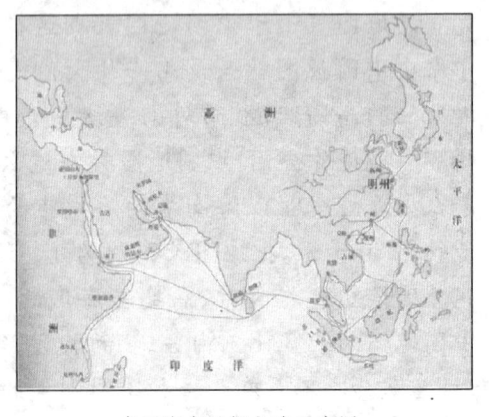

中国海上丝绸之路示意图

叫作"海上陶瓷之路"。同时,还由于中国从海外进口的商品一直是以香料为主,因此也把它称作"海上香料之路"。海上丝绸之路的开辟和拓展,不仅涵盖了中国的港口史、造船史、航海史、海外贸易史、移民史、宗教史、国家关系史、中外科技文化交流史等诸多具体内容,也见证了

中外经济、文化交流的悠久历史。

320. 中国传统海洋农业文化是谁提出的?

中国是传统的农业大国,有农业文明的基本特征。在中国古代,由于航海业的发展以及沿海农业区的扩大和人口的增多,由中原农业区发展起来的传统思想在沿海地区又增加了大量新的海洋内容,如对沿海潮田的发展、海洋渔业和水产养殖的研究与应用、海盐的生产、远洋航海的研究和记载等,这一切形成了中国的海洋文化。长期以来,海洋文化一直是人们关注的内容,认为它是农业文化的一种延伸,可称为海洋农业文化。提出并论证这一观点的是宋正海先生,他是在 1988 年在山西大学以及 1990 年在上海"传统思想与科学技术学术会"上提出并论证这一观点的。

321. 中国传统海洋文化包括哪些内容?

1988 年在山西大学以及 1990 年在上海"传统思想与科学技术学术会"上,宋正海先后提出并论证中国广大沿海地区在古代有发达的海洋文化,其内容有:① 在新石器时代,沿海广大地区已有人居住。之后,沿海经济区不断发展,全国政治中心不断东移,沿海地区人口迅速增加,海洋在人民生活和生产活动中占有越来越重要的地位。② 海洋学(海洋地貌学、海洋气候学、海洋水文学、海洋生物学)等已有较大发展,造船、航海、捕鱼、制盐、海岸工程等海洋技术已有较高水平。③ 描写海洋活动的文学、艺术、戏剧、小说。④ 海神、潮神、祭海、祈风等海洋宗教活动。⑤ 海外移民、民间海外贸易活动的发展(包括走私)以及朝贡贸易制度的实行。⑥海洋军事等。

322. 《中国海洋年鉴》是部什么性质的书？

《中国海洋年鉴》是中国海洋类大型综合性工具书，1988年10月开始出版，起初是每三年编辑出版一次，由杨文鹤任主编。该书分为专载、概况、海洋开发、海洋服务、海洋调查与南极考察、海洋科学研究、海洋技术和附录等八部分，全面系统地反映了20世纪80年代中期中国和世界海洋研究、开发和保护的情况。

323. 《中国古代海洋学史》是何时出版的？

由宋正海、郭永芳、陈瑞平合撰的《中国古代海洋学史》1989年由海洋出版社出版。全书40万字，是中国古代海洋学史的第一本系统著作，包括历史概论、海洋地貌学史、海洋气象学史、海洋水文学史和海洋生物学史，是了解中国古代海洋学历史的重要著作。

324. 《中国海洋事业的发展》白皮书的内容有哪些？

1998年5月29日，中华人民共和国国务院新闻办公室发表了《中国海洋事业的发展》白皮书。这是中国政府首次发表的关于海洋方面的白皮书，提出了中国海洋事业发展的指导思想和基本政策，书中指出：中国是一个发展中的沿海大国，中国高度重视海洋的开发和保护，把发展海洋事业作为国家发展战略。这份12000余字的白皮书共分六部分：海洋可持续发展战略；合理开发利用海洋资源；保护和保全海洋环境；发展海洋科学技术和教育；实施海洋综合管理；海洋事物的国际合作。在人类开发

海洋文化

利用海洋的21世纪,中国将积极参与联合国系统的海洋事务,推进国家间的地区性海洋领域的合作,认真履行自己承担的义务,为全球海洋开发和保护事业作出应有的贡献。

325. 中国第一家海洋书屋在哪里?

在中国广东省广州市的新港西路上,有一家外表小巧、朴素,卖清一色海洋书籍的书店,店名叫"海缘书屋",它就是中国第一家专门经营海洋书籍的书屋。它集中了全国各出版社优秀的海洋图书报刊和音像资料,是全国第一家以海洋为特色的开放式书屋。其目的是搜集海洋书籍,传播海洋文化,把最新的海洋书籍、海洋信息传给一线的养殖户和水产部门,同时通过各种途径,增强公民的海洋意识,成为国内各大出版社出版的海洋书籍、音像资料的聚集地和经销单位。

326.《海洋》是一部什么样的书?

在公元前5世纪的时候,锡和琥珀在古希腊是非常珍贵的宝物,人们认为这些货物是从遥远的地球边缘运来的,它们究竟产于何地是一个谜。后来,在古希腊的殖民地马萨利亚,也就是现在的法国马赛,诞生了一个有名的天文学家和地理学家,叫皮西厄斯。他在这个崇尚航海能力的地方长大,对天文、数学和海洋有着浓厚的兴趣,他发现了月球对潮汐的影响,掌握了初步的航海知识和技术,他决心出海远航,去解开萦绕人们心头的这个难解之谜,去寻找世界西方的边缘。于是,在公元前240年的暮春,他指挥25名水手驾着商船由马萨利亚港出发,一直到了大不列颠岛,目睹了锡的采集、提炼和储藏锡锭的圣米加勒山,后来,皮西厄斯将他的远航探险以及在探险中遇到的奇闻异事,都写入一部名叫《海洋》的书中。书中描述了冰冻海洋的景象,介绍了英国是个人口稠密的大岛,岛上的人们民风纯朴,举止优雅,非常好客,他们喝的是用大麦发酵做成的饮料,名叫"柯米"(也就是今天的啤酒)。可惜的是,这部曾引起广泛轰动并被很多古代科学家引用过或提起过的书却未能保存下来,人们只是从历史学家的研究和记载中,了解皮西厄斯充满神奇和惊险的探险见闻。

327. 马汉的"制海权"理论三部曲包括哪些著作?

艾尔弗雷德·塞耶·马汉,1840年9月生于美国纽约州西点军校,是一个军事工程学教授的儿子。马汉从小就在西点军校这座被誉为"美国将军的摇篮"中长大,耳闻目睹了美国和墨西哥的战争,对当时著名的美国战列舰"立宪"号印象特别深。成年以后,马汉作为一名普通的美国海军军官参加了南北战争。1878年,马汉发表了他的第一篇论文《海军官兵教育》,从此,马汉

马汉像

和海洋及海权理论结下了不解之缘。5年以后,马汉发表了处女作《海湾和内陆水道》,开始引起有关方面的注意。后来,他出版了《1660—1783年间制海权对历史的影响》

一书,这是马汉制海权理论三部曲的第一部。第二部《1793—1812年间制海权对法国革命和帝国的影响》一书,于1892年出版。1905年,马汉出版了他的论制海权理论三部曲中的最后一部《制海权与1812年战争的联系》(两卷集)。从此,马汉的"制海权"理论在欧美各国海军和世界许多海洋国家得到承认和运用。

328. 马汉的"制海权"理论的核心内容是什么?

马汉(1840—1914年)的制海权理论,集中体现在他出版的制海权理论三步曲即《1660—1783年间制海权对历史的影响》《1793—1812年间制海权对法国革命和帝国的影响》和《制海权与1812年战争的联系》中。马汉在三部曲中着重研究制海权对历史和帝国形成的影响。他通过对历史事件的叙述,提出了他对国家政策、海军战略战术的看法。根据马汉理论,海军战略和制海权要受该国某些基本自然条件限制,如该国岛屿、港湾和大陆地形等。同时,国家对舰队的投资、商业航运、海外基地等,也影响到该国的海军战略和制海权。这种建立在极广泛基础上的国家海军战略无论是处在和平时期还是处在战争时期都不会轻易变动。马汉认为,有六个以上的因素会影响制海权,即:地理位置、自然地理条件、领土面积、人口、民族性和政治制度。他还认为,制海权对一个国家的成长、繁荣、安全极为重要;沿海运输有必要建立基地、殖民地和殖民性据点,它可以是商业性的,也可以是军事性的。在军事理论上,马汉认为战舰的火力比机动性更重要,他还就海上封锁、战列舰理论、潜艇作用、技巧术对海军理论的影响,提了独树一帜的见解。马汉的制海权理论的意义在于,马汉发展了制海权理论的哲学基础,并形成了一套新海军战略理论,不仅对美国海军的发展及海军战术研究作出了贡献,而且获得了广泛应用。

329.《大海环航记》的作者是谁？

《大海环航记》又叫《斯坦笛莫斯》,是古希腊人关于地中海与黑海的航路指南中的最后一套著作,作者是4世纪意大利古城黑拉克利的马西亚纳斯。《大海环航记》的沿岸航路是从亚历山大沿着北非海岸向西航行到位于直布罗陀海峡处的海格立斯巨柱,并由此沿地中海北岸向东航行。原作已失传,是一部重要的古代航海著作。

330. 第一个记载中国北方远洋航线的著作是哪一部？

在中国古代航海史上,尽管在航海实践上中国人已经积累了相当的经验,但在有据可查的文献资料中,却缺乏明确的记载,因此,这方面的资料就显得尤为珍贵。在北宋欧阳修、宋祁编撰的《新唐书·地理志七下》的后面,附有唐代地理学家贾耽(720—805年)所记载的陆地和海上交通四邻的七条主要路线。贾耽,字敦诗,沧州南皮(今河北南皮)人,曾任宰相,这恐怕是中国古代撰写海洋著作中官位最高的人了,史书称贾耽特别嗜好读书,年纪越大越用功,对地理尤为精通。曾经撰写《古今郡国县道四夷述》共40卷,此书已失传,只有部分内容载于《新唐书·地理志》中。书中所载贾耽所记的交通四邻的七条路线中,有二条是关于中外海上交通的路线:第一条是"登州海行入高丽、渤海道",这是中国古代航海著作中第一条有详细文字记载的北方远洋航线;"广州通海夷道"则是继《汉书·地理志》之后的又一南方远洋航线,其航路已越过《汉书》记载的斯里兰卡直到波斯湾与东非。《古今郡国县道四夷述》所记载的远洋航程的详细性和准确性,大大超过了此前相关的海洋著作,可称得上是中国航海史著作中的珍品。

331.《唐大和尚东征传》的主要内容是什么?

中国唐代著名高僧鉴真和尚东渡日本弘扬佛法的壮举,对中日两国关系史、海上交通史和文化交流史的发展,具有重要的积极作用。《唐大和尚东征传》又名《过海大师东征传》、《鉴真和尚东征传》,是以鉴真东渡日本为主要内容的传记作品,它的作者是日本人真人元开(722—785年),真人元开是日本皇族,曾受鉴真化导。779年,真人元开受随鉴真东渡的僧人思托等的请托,写成了此书。该书主要叙述了鉴真五次失败的东渡尝试和第六次东渡的成功,分四个方面的内容:鉴真在东渡之前的宗教活动,鉴真六次东渡中的航海和宗教活动等,鉴真赴日后的传教活动等,作者悼

《唐大和尚鉴真东渡图》

念鉴真的几篇诗作。书中对当时海上交通的有关资料如港口、航海工具、航海技术与航海经历都有详细的记载和描述,文字生动流畅,事例详尽可靠,是一部文学价值很高的作品。

332.《入唐求法巡礼记》是部什么样的著作?

《入唐求法巡礼记》是研究唐代历史及中日两国关系史的重要著作。作者圆仁(794—864年)是日本僧人。唐文宗开成三年(838年),他随日本遣唐使团访问唐朝,先后向扬州、五台山、长安等地的高僧求法,前后历时9年零7个月,于847年回到日本。这部《入唐求法巡礼记》全书共分4卷,约8万字,主要记载圆仁从日本来唐朝求法的经过和见闻。从中日两国的海上交流而言,圆仁入唐时随遣唐使团船队而来,回国时搭乘朝鲜商船而去。对这两次航行经过,圆仁每天都留下了系统的文字记录。如第十一次航行,就记载了每天看风向航行或抛泊、船队夜间航行用火光联系、利用海水的不同颜色和测量海水的深浅来判断大致航向等。圆仁来唐时走的是从日本横渡东海至长江口的航线,也就是中日海上交通的南道;回国时则从登州到朝鲜,通过对马海峡回国,也就是中日海上交通的北道,这对于研究当时的航海技术和中日间航海的变迁有着特殊的作用。此外,书中还记载了日本遣唐使团的组织状况(有大使、判官、录事、知乘船事、史生、射手、水手、翻译、学问僧等),为研究以遣唐使为代表的中日海上交通提供了第一手的宝贵资料,内容详细,记载真实,文笔生动细腻,与玄奘的《大唐西域记》、马可·波罗的《东方闻见录》即《马可·波罗游记》并称为"东方三大旅行记",在世界文化史上享有盛誉。

333.《中国印度见闻录》是哪国人写的?

《中国印度见闻录》是中世纪阿拉伯人写的一部关于阿拉伯和印度、中国的海上交通与旅游的重要著作,最早成书于851年,作者已无从查考。主要记述了从波斯湾起航至印度和

中国的海上交通,沿途经过的国家和地区的风俗、物产、商业和经济等,其中关于爪哇城的故事、对龙涎香的描述和对珍珠的记载,关于中国和印度的见闻和传说等,非常引人入胜,对于研究9—10世纪的南亚、西亚和东南亚,特别是中国的航海与贸易史等,有着非常重要的文献参考价值。

334.《岭外代答》是怎样写成的?

中国南宋隆兴年间有个进士,名叫周去非,字直浦,是永嘉(今浙江温州)人。周去非在淳熙年间曾担任桂林通判,卸任归乡后,经常有好奇者到他家去询问岭外(即岭南,今广东和广西地区)的风土人情和海外奇事。一开始,周去非还能耐心地对来访者有问必答,无奈慕名来访者一天比一天多,周去非已经有些招架不住,并已厌倦了这种应酬,索性闭门谢客,专心著书,1178年写成这

部书并以"代答"为名。这本书共10卷30门,其标题为地理、边帅、外国(上、下)、风土、法制、财计、器用、服用、食用、香、药器、宝货、金石、花木、禽兽、虫鱼、古迹、蛮络、志异等,用18个专题介绍了海外诸国和中西海上交通的情况,记载了中国横渡印度洋航线的情况以及当时的航海工具和造船用材,在中国航海史学上具有重要价值。

335.《大元海运记》记载了哪些海运制度?

中国元代的北洋海运是中国古代航海史中的重大事件,《大元海运记》就是一部专门记载中国元代北洋海运的重要著作,全书分上、下两卷,主要记述了元代人通过海上运输把江南的粮食运到北京的情况,自至元十九年(1282年)起到皇庆二年(1313年)止,按时间顺序依次记事,详细记载了海运制度与细则条例的修订与更改。其中,下卷是本书的主要部分,记述了用于海运的粮食保管规定以及海运中的技术问题,特别以所记载的漕运水程为代表,记载了北洋海运航路的三次变迁,还记载了人工航标的设置与形态,航海过程中的潮汐、风向、气象以及舟师行船经验等,是研究中国沿海航行史和南粮北调史的重要文献。

336.《伊本·白图泰游记》记录了哪些国家的航海活动?

《伊本·白图泰游记》是中世纪阿拉伯人穆罕默德·米赞·凯洛彼根据伊本·白图泰(1303—1377年)口述的记录整理而成的,原名叫《易于奇游胜览》。口述者伊本·白图泰是丹吉尔(今摩洛哥丹吉尔)人,是阿拉伯一位著名的旅行家。他从1325年开始离家游历,直到1377年客死在异国他乡,一生中进行了三次长途旅行,其中在1325—1349年间进行的第一次游历中到过中国。《伊本·白图泰游记》关于航海方面的内容非常丰富,大量记载了关于阿拉伯人、印度人和中国人在印度洋以及南海所进行的航海活动和贸易交往活动,对阿拉伯、印度和中国的船只,不但作了介绍,而且对中国的船只尤为欣赏,专辟一节介绍描述中国船只的种类、帆数及其原料、船上人员数额、小船的配备、建造地点、建造方法、船的内部构造等,十分细致,在有关中国航海古籍中十分罕见珍贵,同时也是有关印度洋海上交通史和各国关系史的重要著作,在世界文化史上也占据重要地位。

337. 有关"郑和下西洋"的三部最初史料是什么?

15世纪的中国明代曾有过辉煌的远洋壮举,这其中最著名的要算郑和七下西洋了。对此,后世有不少史书和文艺作品记载了这件事,那么,最早对郑和下西洋的航海壮举进行真实的历史记录的史料有哪些呢?这主要有三部,即巩珍写的《西洋番国志》、马欢的《瀛涯胜览》和费信的《星槎胜览》。这些史书不仅对郑和七下西洋时所经历的各国的航海位置、风土人情、历史地理、资源物产等多有详细的介绍,而且对明代的航海技术、航海工具、船队规模等都有真实可信的详细记录,被后世研究者称为有关"郑和下西洋"的三部最初史料。

338. 中国古代专门的水军兵书是哪一部?

在浩如烟海的中国文化典籍中,有一类典籍是专门介绍和研究有关战争规律的典籍,史称兵书,如大家所熟知的《孙子兵法》等。但这些兵书大都是介绍陆军的,有关水军方面的兵书却凤毛麟角,由戚继光撰写的《纪效新书》可以说是中国古代专门为训练水军而撰写的兵书。作者戚继光(1528—1587年)是山东蓬莱人,明代著名的军事家,曾在浙江、福建、广东等地沿海指挥了一系列的抗倭战争,是著名的抗倭名将和民族英雄。《纪效新书》就是戚继光任浙江参将为训练军队而撰写的,戚继光的军队就是严格按此训练和作战而成为威名赫赫的"戚家军"的。这部书中有关水军的兵法有哪些内容呢?《纪效新书》共1个总序和18篇正文,内容包括束伍、操令、陈令、谕兵、法禁、比较、行营、操练、出征、长兵、牌筅、短兵、射法、拳经、褚器、旌旗、水兵等,每篇各附图说,其中的水兵篇记载了大量明代航海和造船的史料,主要内容有明代海上战船的组织、海船的构造、船队的编队航行、航海技术等,资料丰富,图文并茂,是研究中国明代军事和航海史不可多得的宝贵文献。

339.《哥伦布航海日记》具有什么价值?

哥伦布(1451—1506年)是世界著名的航海家和探险家,生于意大利热那亚,青年时代热衷于航海探险活动,力图寻找从欧洲到东方中国和印度的海上航线,最终得到西班牙国王费尔南多二世和王后伊莎贝尔二世的支持,在1492年8月3日率领3艘西班牙船只和90名船员开始进行发现新大陆的航海探险活动,于同年10月12日到达美洲加勒比海一个小岛圣萨尔瓦多。此后,他又

哥伦布像

分别在1493年和1502年再航美洲。《哥伦布航海日记》就是哥伦布在第一次航行中的日记,记述了从1492年8月3日到1493年3月15日哥伦布船队的航海活动情况,既是一本航海史著作,也是充满探险精神的游记,是有关美洲发现的历史和人文情况的重要文献,在世界航海史和探险史上具有重要地位。

340. 真实记录麦哲伦环球航海探险的著作是哪一部?

1519年9月20日,葡萄牙航海家麦哲伦(1480—1521年)率领由5艘船只和来自9个国家的270名水手组成的环球探险船队,从西班牙南海岸的圣卢卡尔港起航,开始了历史性的航行。在这众多的水手当中有一个意大利骑士,名叫安·皮加费塔(1491—1531年),他也以航海探险者的身份,加入了这次环球海上探险航行。皮加费塔随麦哲伦的船队首先横渡大西洋,沿南美洲海岸南下,在巴西的里约热内卢湾和当地土著交换物品,稍稍休息后继续南下,到达圣主利安湾的把塔哥尼亚,停航过冬。皮加费塔一路上不仅随船队一起从事海上航行的各种工作,还忙里偷闲地记录下航海途中的所见所闻和所思所想。他还亲身经历了死里逃生的海上历险,和麦哲伦一样,充满了传奇色彩。在平息了西班牙船上所发起的叛乱后,船队又继续南行,经南美大陆与火地岛之间的海峡(今称麦哲伦海峡),进入太平洋。途中,1艘沉没,1艘逃回西班牙,其余3艘继续向西横渡太平洋。不幸的是,沿途既不见陆地,粮食也非常缺乏,饮水也变臭了,全体人员因此而得了坏血病,其中有19人因此丧生,所幸的是皮加费塔却活了下来。1521年3月,船队到达菲律宾群岛。4月27日麦哲伦因卷入岛上内战,被当地居民所杀,剩下的115人分乘两只船在中国南海和苏禄海上漂泊了6个月后,于1521年11月到达摩鹿加群岛。最后,只有"维多利亚"号在这里装载了香料,于12月朝西南方向驶入印度洋,绕过非洲南端的好望角,于1522年9月6日回到了离别3年的圣卢尔港。此时,船上只剩下18个瘦骨嶙峋、疲惫不堪的船员,这其中就有皮加费塔。身体康复以后,皮加费塔决心把世界上第二次用人的航海活动证实地球是圆的这一非凡的航海壮举记录下来,这就是后来名垂史册的《世界环航记》,它是最真实的有关麦哲伦环球航海探险的记录,在世界上享有崇高的声誉。

341.《航海之宝》是干什么用的?

大家外出旅行,每到一处陌生的地方,有人常常会雇请一位导游,以便游览观光和了解当地的风俗人情;也有的人会购买一张旅游指南之类的导游地图,目的也是凭借此图选择游览方向,以免迷路或找不到地方。在陆地上旅行尚且如此不易,在茫茫大海上航行,想辨清航行方向就比登天还难了。于是,长期航海的人们,也迫切需要有一张能指点迷津的地图,《航海之宝》就是这样一部给航海者导游的海岸地图汇编,因其实用和科学,被航海者视为瑰宝,故而得名。《航海之宝》的作者是荷兰人简·威格纳(1533—1606年),出版于1592年,书中除附有本色地图的长方形对开本以外,还增添了大量的文字性导航指示与说明,海图上的海岸线比例尺也相对缩小,并以双形线描绘海岸,预示了严格绘制线条的惯例,在航海图书史上具有深远的影响。

342.《东印度航海记》有哪些价值?

《东印度航海记》是17世纪荷兰的航海探险著作,作者威廉·伊斯布兰茨·邦特库是荷兰著名航海家,曾任荷兰东印度公司船长,在1618—1625年渡过了7年的航海生涯,《东印度航海记》就是他担任"新侯恩"号船船长时创作的。全书约9万字,主要介绍了邦特库在东南亚和中国沿海的航海活动,记载了荷兰殖民主义者在东印度群岛各岛屿之间与中国澎湖列岛和闽、粤、浙沿海一带的海上侵略活动及当地人民反抗的情景,既具有一般航海文学的价值,又对研究资本主义殖民史、中国及印度尼西亚民族斗争史具有历史和学术价值。

343.《大不列颠沿岸航路指南》是怎样创作完成的?

历史上,英国曾经是海上霸主,有着极为发达的航海与造船技术,这方面的著作也非常丰富,其中产生于17世纪下半叶的《大不列颠沿岸航路指南》就是一部非常著名的英国航海图书。在这部书出版以前,由于没有系统精确的不列颠海岸航海图书,加上潮汐、明暗、气象及技术等方面的原因,经常有船只在驶进港口或改变航道时发生失误甚至船毁人亡,造成重大损失。于是,有关人员就提出准备编撰一部旨在指引海员能够正确地沿着不列颠海岸航行,并使他们得以安全驶入沿岸的任何港口、河道、海湾或小河的书。谁能担此重任呢?1682年,不列颠国王查理亲自任命英国船长格·柯林斯为"至尊至贵的皇家水道测量官",并拨给柯林斯一艘快艇来勘测不列颠海岸。船长柯林斯受命以后,亲自搜集有关潮汐、航向和距离等方面的资料,探索进入英吉利海峡的方法,他先后绘制了46张海图和港泊图。经过7年的时间,柯林斯终于完成了他对不列颠沿岸的勘测任务。1693年这部书问世,成为航行于不列颠沿岸水手必备的航行指南。

344. 开创近代郑和研究先河的是谁?

明代大航海家郑和下西洋的故事,在中国可谓是家喻户晓、妇孺皆知,研究郑和的著作也非常多,但在近代,首先研究郑和的当首推梁启超。1904年,梁启超以"中国之新民"的笔名,发表了明代航海家郑和的传记《祖国大航海家郑和传》,后来收入他的《饮冰室合集》第三册中。在这篇6700字的传记中,梁启超略述了中国的航海历史、郑和下西洋所到的国家、郑和下西洋的意

梁启超像

义,指出了郑和下西洋的航海壮举难以为继的原因,在于此番航海的目的仅仅是"雄主之野心,欲博怀柔远人、万

国来同等虚誉,聊以自娱耳"。该文文字简洁、内容丰富、议论精湛,开中国近代郑和研究之先声,对航海史和中西海上交通史研究都有深远影响。

345.《麦哲伦的功绩》是哪位著名作家写的传记?

麦哲伦像

麦哲伦是世界著名的航海探险家,以环球航海的壮举闻名于世。在后世有关麦哲伦的传记作品中,最著名的要数奥地利作家斯·茨威格创作的《麦哲伦的功绩》这本航海探险家传记了。本书完成于1938年,全书共分13章,生动而具体地介绍了麦哲伦第一次环球航行的业绩,展现出一幅引人入胜的16世纪地理大发现时代的历史画卷。全书叙事真实,文笔流畅,语言优美,富于哲理,人物形象鲜明生动,心理刻画入木三分,是可读性很强的人物传记。茨威格以广阔的历史背景和自然环境为舞台,热情讴歌了麦哲伦对自己理念的坚定信仰、非凡胆识、克服一切可能的和难以想象的障碍所必备的坚毅精神,塑造了伟大的航海探险家的形象。

346.《康铁吉》是一部什么样的作品?

《康铁吉》是挪威20世纪的航海探险著作。作者是挪威民族学者托·海雅达尔。当他在太平洋中的波利尼西亚群岛上调查研究时,为了证实南海群岛居民是来自秘鲁的理论,他完全按照古代印第安人木筏的式样,造了一只木筏,于1947年4月从秘鲁漂海西去。《康铁吉》就是他根据"航海日记"整理而成的。全书共分八章:第一章叙述了作者理论的产生;第二、三章介绍了远洋漂泊的人员、物资组织和木筏"康铁吉"的制造;第四章到第七章叙述了他们乘坐"康铁吉"这只木筏,从秘鲁出发,历经艰险,终于在3个月后到达波利尼西亚群岛的一个小岛上(该岛后来被命名为"康铁吉"岛);第八章介绍了作者所受到的欢迎。《康铁吉》自1950年问世以后,引起世界各国广泛注意,多次再版,中文译名叫《孤筏重洋》,书中所描述的作者的探险理论和实践勇气不仅征服了世界各地的读者,而且对探讨亚洲和太平洋诸岛人类的来源、对于研究人类文化史和早期航海史都有着特别重要的意义。

347.《中国海洋报》创刊于什么时候?

由中国国家海洋局主办的我国海洋界唯一的一张综合性报纸是《中国海洋报》,每周二、五出版,每期4版,于1989年9月27日正式创刊,邓小平亲笔题写报名。它立足海洋,面向沿海,服务全国,以海洋要闻、沿海经济、海洋水产、海洋科教、管理法制、国际工作、海洋大观、军事角、蔚蓝色等板块和众多

读者阅读《中国海洋报》

各具特点的栏目,在报业中独具特色。报纸栏目特色鲜明,版面设计活泼,文章精练可读,信息量大,文章具有一定的新闻性、指导性、服务性、实用性、知识性和可读性。该报宣传党和国家的海洋工作方针、政策,推动海洋经济发展,介绍中央及沿海各地区的海洋管理、开发、研究、利用和涉海各行业工作与经验,传递国内外各种海洋信息,反映海洋工作者的呼声与建议,普及海洋知识,增强全民族的海洋意识,维护我国的海洋权益。

348.《海洋大辞典》包括哪些内容?

我国第一部《海洋大辞典》于1998年6月由辽宁人民出版社出版。《海洋大辞典》是由国家海洋局、辽宁省海洋局下达,国家海洋环境监测中心承办,组织全国200多名海洋界学者、专家、教授历经六年编写完成。《海洋大辞典》包括了海洋生物、海洋物理、海洋化学、海洋地质、海洋管理和海洋工程技术六大学科的内容。

349. 你知道中国研究海洋的刊物有哪些吗?

随着中国对海洋的利用、研究和开发,反映最新的海洋成果的刊物也越来越多,全国以海洋为主要内容的刊物,在北京出版的有《中国海洋报》、《中国海洋石油报》、《海洋学报》、《海洋与海岸开发》、《海洋开发》、《海洋预报》、《海洋世界》、《海洋技术》、《航海》、《中国海洋文化研究》;在天津出版的有《海洋通报》、《海洋信息》、《海洋文摘》;在青岛出版的有《海洋科学》、《海洋科学集刊》、《海洋与湖沼》、《海洋湖沼通报》、《海洋调查》、《海洋地质与第四纪地质》、《中国海洋湖泊学报(英文版)》、《海洋科学译报》、《中国海洋大学学报》、《海岸工程》、《黄渤海海洋》、《南海海洋科学集刊》、《海洋水产研究》;在上海出版的有《海洋渔业》、《中国航海》;在广州出版的有《南洋研究与开发》、《热带海洋》;在杭州出版的有《东海海洋》、《水处理技术》;在厦门出版的有《台湾海峡》;在广西出版的有《广西海洋》。如果你有兴趣研究海洋的话,这些刊物都是你最好的老师。

350.《海洋在召唤》丛书有什么特点?

大型海洋科普丛书《海洋在召唤》由广西教育出版社出版,中国海洋学会理事长严宏谟、副理事长王颖主编。包括《风雨的故乡》、《不平静的海洋》、《变幻的世界》、《海底——神奇的世界》、《海岸——通向海洋的虹桥》、《生命的摇篮》、《富饶的宝藏》、《环保的战场》、《人类的向往》、《蓝色的国土》共10册。该丛书科学性强,信息量大,内容丰富,涵盖了海洋大气、海洋物理、海洋化学、海洋生物、海洋环保、海洋工程等诸多海洋学科的主题,结合海洋科学发展和中国国情,生动反映了海洋科技发展的特点及态势。此外,《海洋在召唤》丛书的作者都是由教授、博士生等组成,他们用通俗易懂的文字,将海洋科学的道理深入浅出地展示给青少年读者,使得这套丛书成为"不是专家写不出,不是专家也能读懂"的高质量海洋科普精品。

351.《海洋的召唤》丛书有哪些内容?

1999年3月,由黄彩虹任主编的《海洋的召唤》丛书,由知识出版社策划出版。丛书12册的作者全部是多年与海洋打交道的海军科研人员和资深记者。如果你读过其中的《人与海洋》分册,相信你通过从宏观到微观对人与海洋关系的透视,会认识到海洋在人类生存和发展中的地位和作用。有了对人海关系的宏观把握,再去了解《神奇的海岛》以及与岛相关的自然地理、海洋动物植物、人类从事海洋活动等珍闻趣事。《奇妙的海底世界》会让你了解北美奇丽的海底地形地貌、富饶的海底矿藏和许多深海奇观背后的未解之谜,给你打开全新的海洋视野。《海洋生物趣闻》所展现的"海洋社会",会让你领略由20万种鱼虾蟹兽、7万余种植物以及不计其数的微生物组成的海洋生物王国多彩的生活。《海洋的传说》则记载了许多美丽的海的神话、传说和故事,展示人类认识海洋最初的心路历程和探索、开发海洋的原始足迹,它是海洋文明的最初载体,也是人类海洋的最早积淀。而《海洋探险》、《海洋灾害》、《打捞"阿波丸"》、《剑与火的海洋》、《舰旗下的秘密》、《海洋空间利用》、《大海的警告》更是多彩地介绍了其他与海洋有关的人类活动,让人在领略海洋的万千气象与博大精深时,对来自海洋的威胁和挑战有一个明确清醒的认识,是进行海洋意识、海洋文明和海洋文化教育的生动教材。

352.《走向海洋》丛书的内容有什么特点?

中国海洋学会组织10余名海洋科普作家编写的《走向海洋》丛书,由大象出版社于1998年出版。丛书由《辽阔的中国海》、《漫长的中国海岸》、《美丽的中国海岛》和《丰富的中国海洋生物》四本组成,图文并茂,文字生动,构思巧妙,是一套印制精美的海洋科普佳作。在内容上,丛书涵盖的内容非常丰富,通过"一面三线"的构思方法,抓住了所述内容的核心和重点。如《辽阔的中国海》概略地介绍了中国四大海域的位置、面积、地貌、海陆变迁、海洋资源、海洋权益、海洋开发和海洋保护等,通过南北绵延分布的海岸带和海岛两个条带,勾画了中国海的面貌。全书采用了2000余幅照片、图片,约占全书一半以上的篇幅,直观易懂,信息量大。《走向海洋》丛书1999年获第四届国家图书提名奖。

353.《中国走向海洋》是一部什么样的著作?

由海军大连舰艇学院陆儒德教授撰写的专著《中国走向海洋》一书,1998年由海潮出版社出版发行。该书一面世,就在全国刮起一股蓝色的"海洋旋风",海军副司令员徐振忠中将、国家海洋局副局长陈颖鑫为此书写了序言,称《中国走向海洋》是国内第一部根据《联合国海洋法公约》生效后的新形势来论述国家、国际和海洋相关性的个人论著,是给1998国际海洋年的一份厚礼,对宣传海洋、研究海洋和实现《中国海洋21世纪议程》的宏伟蓝图具有重要的现实意义。

354.《中华海洋本草》的内容是什么?

《中华海洋本草》是由中国工程院院士、原中国海洋大学校长管华诗教授主持编撰,历时五年完成的国内药物领域收入海洋药物信息量最大的第一部大型海洋药物专著。

《中华海洋本草》全书由《中华海洋本草》主篇与《海洋药源微生物》、《海洋天然产物》2个副篇组成,共9卷,引用历代典籍500多部,现代期刊50000余条,总计约1400万字。其中,主篇收录海洋药物613味,涉及药用生物以及具有潜在药用开发价值的物种1479种,另有矿物15种,详细记载了这些物种的化学成分和药理毒理作用。此外,《中华海洋本草》还配有1500幅高清晰彩色照片、700余幅黑白图片和21幅具有代表性的重要药材的指纹图谱,是迄今为止我国海洋药物领域首部大型典籍。

由于该书不仅是中国首次对海洋药用生物资源进行全面、系统、大规模的调查和评价的集大成之作,而且对其药用价值所进行的鉴定与分析均为最新、最权威的数据。因此,该书的出版不仅对建立海洋药物资源数据库、珍稀濒危药用物种及资源蕴藏量预警系统,具有重要的指导作用,而且为更好地掌握中国海洋药用资源状况作出了重要的贡献。

355.《世界著名大海战》有什么特点?

公元前480年,在古希腊雅典城西的萨拉米斯海面上,波涛汹涌,旌旗猎猎,喊杀声和划桨声打破了海湾的寂静。波斯战船和希腊战船在海面上分别排起了一字长蛇阵,正在准备一场殊死的海上大决战。20世纪90年代的第一年,"沙漠风暴"席卷中东波斯湾畔,以美国为首的多国部队海军强入海湾,重创伊拉克海军。以上所写的战例,只不过是古今世界大海战的一个缩影而已。自人类诞生以来,到底有多少大海战在蔚蓝色的海洋舞台上上演过,恐怕没有人说得清楚。不过,由藤建群、简世华等编著的《世界著名大海战》则以通俗易懂的文字和70

多场具有代表性的海战,生动形象地回答了上述问题。全书共42.5万字,1997年7月由青岛出版社出版,海军司令员石云生中将为此书写了序言。这部《世界著名大海战》有什么特点呢?首先,全书角度新颖,通俗易懂,脉络清晰。作者从人类桨船时期的海战写起,经帆船时期的海战和蒸汽舰时代的海战,一直写到现代条件下的海战,时间跨度达2400余年,可以称得上是一部图文并茂的世界古今海战史。其次,这部书资料翔实,知识性强,而且生动有趣。此外,本书作者都是军事学硕士,具有很高的科学素养和知识水平。

356.《走向海洋丛书》有哪些内容?

为迎接1998国际海洋年的到来,1998年4月,由中国科学院院士曾圣奎主编的《走向海洋丛书》由海洋出版社出版,宋健同志为这套丛书题词:"研究开发海洋,开创

扬帆驶向蔚蓝的海洋

科学世纪。"这套丛书共有10册,即:《蓝色的国土》、《大海的臣民》、《与海神对话》、《寻找新世界》、《海水的秘密》、《蔚蓝色的涌动》、《愤怒的海洋》、《波涛间的胜景》、《大洋的年轮》和《龙宫金钥匙》。该丛书全面系统地介绍了有关海洋的各种知识,资料翔实有趣,是一套有着较高水平的科普著作。

357.《海洋与人类丛书》包括哪些内容?

海洋是人类的母亲,自从人类诞生以来,就和大海结下了不解之缘。随着人类逐步迈入现代社会,开发和保护海洋正成为世界各国的共同主题和21世纪的时代潮流,人们越来越深刻地认识到:海洋是文明的摇篮,海洋是人类新的生存空间。海洋与人类到底是什么关系,人类该如何认识、开发、利用和保护海洋呢?为了形象生动、科学准确地回答海洋与人类的种种问题,中国海洋大学出版社于1998年12月出版了《海洋与人类丛书》。这套丛书从海洋与生命、资源、气象、航海、旅游、保健、战争、经济、探险、历史等方面,用生动的文字,精美的图片,翔实的内容展示了海洋与人类多姿多彩的丰富内容。全套丛书共10分册,即:《海洋——深情拥抱大地》、《海洋——蓝色生命摇篮》、《海洋——奉献宝贵资源》、《海洋——气象变化万千》、《海洋——托起远航之梦》、《海洋——风景这边独好》、《海洋——人类健康卫士》、《海洋——刀光剑影聚焦》、《海洋——经济腾飞新曲》、《海洋——奥秘永无穷尽》。相信人们读了这套丛书,会对海洋与人类的认识有进一步的提高。

358.《神奇的海洋世界丛书》包括哪些内容？

充满神秘感的大海，无时无刻不在吸引着勇敢的人们去揭开她美丽而神秘的面纱。海洋里的各种生物是怎样生长的？有什么特征？人类是如何挑战大海进行航海

探索海洋的足迹

探险的？海上古往今来的大海战上演了哪些精彩的场面？美丽的海滨风光有什么令人流连忘返的地方？作为大海的儿女，人类对海洋还有哪些奥秘尚未彻底揭示？这些问题，都可以从《神奇的海洋世界丛书》中找到满意的答案。这套丛书由钱麟阁主编，2000年4月由海洋出版社出版。本丛书共有8个分册，即《科考南北极》、《海洋的奥秘》、《岛岸之旅》、《拯救海洋》、《大海的女儿》、《水族大观园》、《挑战大海》和《海上逐鹿》。该丛书以丰富的资料、生动的文笔，介绍了神奇的海洋世界的方方面面，对了解海洋和认识海洋有很大的帮助。

编后记

世界的未来是青少年的,而世界未来的希望在海洋。21世纪的今天,世界已经进入全面开发和利用海洋的新时代。

在我国青少年中全面、系统地开展海洋知识的普及教育,以适应国际形势变化的需要和未来人类社会发展的需要,是我们当代海洋科技教育工作者的责任和义务。有感于此,我们来自国家机关、高等院校、科研院所、军事机构等40多位海洋科技工作者,花费了三年多时间,精心策划并编撰完成了我国有史以来第一部海洋知识体系最完备、内容最全面的科普图书。

《海洋小百科全书》共20分册,300余万字,110个知识大类,总7000余个知识问答,几乎涵盖了海洋自然科学、海洋人文科学、海洋军事科学的全部基本内容。本书第一版由中国少年儿童出版社于2002年5月出版,2003年9月荣获由中共中央宣传部等国家7个部门联合颁布的"第五届全国优秀科普作品奖科普图书类三等奖"。本书于2007年10月修订再版,现再次修订,由中山大学出版社出版。本次修订在保持原有知识体系和编写风格基本不变的情况下,除进行必要的知识内容更新外,又新增加了《海洋经济》分册,使《海洋小百科全书》的知识体系进一步完备,知识内容更加丰富。

本书自2002年5月出版至今,一直得到社会的普遍关注和广大读者的厚爱,在此,一并向曾经对本书编撰、出版、发行、修订等作出过贡献的人们表示衷心的谢意。

由于本书涵盖的知识内容宽泛,编写任务十分繁重,难免有知识遗漏和编写不当之处,欢迎广大读者提出宝贵的意见和建议。

《海洋小百科全书》主编　关庆利
2010年9月24日

《海洋小百科全书》分类目录
（20分册·110类）

1 海洋地理
  海洋地理大观
  世界海岛揽胜
  海洋地理趣闻
  奇妙海底世界
  海洋地质灾害
  神奇中国岛岸

2 海洋水文
  多姿多彩的海洋
  海水的自然神韵
  海洋与人类互动
  探测海洋的波脉

3 海洋气象
  走近海洋风暴
  探寻海洋天气
  感受海洋冷暖
  变换海洋风雨
  领悟沧海桑田
  俯观海气轮回

4 海洋探险
  古代海洋探险
  近代海洋探险
  现代极地探险
  环球海洋风采

5 海洋航运
  船舶千秋史话
  航海妙趣万千
  惊涛铸造奇闻
  中国航运今昔
  船运业务趣谈

6 极地科考
  挑战人类的环境
  不可争夺的领土
  南极人的生活
  南极生物奇趣
  揭开奥秘的考察
  北极世界的探索

7 海洋生物
  无限生机的海洋
  迷人的海洋奇葩
  璀璨的贝类明星
  威武的虾兵蟹将

微小的海洋居民
多彩的海洋植物

8　海洋动物

奇妙的动物家族
高超的生存技巧
神秘的自然之谜
复杂的生存关系
多彩的情爱生活
狰狞的危险动物
友善的人类朋友

9　海洋渔业

千姿百态捕鱼技术
海洋渔业发展史话
名贵海产品趣味谈
海产品美食与营养
海产品保健与药用

10　海洋化学

海水的趣味故事
海水的化学秘密
海水的化学资源
无尽的海底宝藏
流泪的海洋环境

11　海洋物理

妙趣横生海洋物理
威力无比海洋声学

奇光异彩海洋光学
探索海洋高新技术
四通八达海底电缆
准确无误导航技术

12　海洋工程

人类水下生活
探索海底世界
雄伟近岸工程
海上铸造希望
港口飞架彩虹
旅游方兴未艾
无尽海洋能源

13　海洋科教

著名的海洋科学家
世界海洋科技之最
重大海洋科学考察
世界海洋科研教育

14　海洋权益

蓝色的海洋国土
繁杂的海域划分
激烈的海洋争斗
独特的海运规则
严格的船舶管理
复杂的海事纠纷
神圣的海洋权益

15 海洋经济
　　海商奠基帝国兴起
　　追寻民族海商踪迹
　　当代海洋经济概览
　　日新月异朝阳产业
　　夯实蓝色经济基石

16 海洋文学
　　中国古代海洋文学
　　中国现代海洋文学
　　外国古代海洋文学
　　外国现代海洋文学
　　中外海洋影视文学

17 海洋文化
　　海洋神化故事
　　海洋语言文字
　　海洋绘画名作
　　海洋雕塑艺术
　　海洋音乐经典
　　海洋民俗风情

　　海洋著作学说

18 海军兵器
　　凶悍的汪洋猛鲨
　　奇妙的掠波剑鱼
　　神秘的龙宫巨鲸
　　无敌的长空雄鹰
　　未来的海战新秀
　　难忘的千年风流

19 古今海战
　　古代海战追踪
　　近代海战掠影
　　"一战"群雄争霸
　　"二战"邪灭正兴
　　现代海战大观

20 海洋军事
　　海军兵力纵横
　　海军礼仪风采
　　海军名人传奇
　　海军趣闻轶事